節分の翌日（2019年２月４日）、食品リサイクル会社に集められた恵方巻き。

リサイクル会社に持ち込まれた古着。
1日平均9トンもの古着が集まってくる。

節分当日（2018年２月３日）、500リットルの容器で10箱ほど並ぶのはすべて恵方巻きとみられる食材だった。

大量廃棄社会

アパレルとコンビニの不都合な真実

仲村和代　藤田さつき

光文社新書

はじめに

仲村和代（朝日新聞 社会部記者）

このままじゃだめだよな。

便利な暮らしの中で、そんな風に思うことがある。

例えば、その便利な暮らしの裏側で起きている悲惨な出来事が「事故」や「事件」といった形で表出し、「ニュース」として報じられる時だ。

2013年4月、バングラデシュの首都ダッカ近郊で、8階建てのビル「ラナプラザ」が崩壊する「事故」が起きた。コンクリートの柱はぽっきりと折れ、原型をとどめない状態にまで崩れ落ちた。がれきに埋もれ、千人を超す人たちが命を落とした。工場の中には五つの縫製工場があり、犠牲者の多くはそこで働く人たちだった。

「事故」とカギ括弧付きで書いたのには、理由がある。ビルが崩壊した原因は、地震や爆発ではなかった。ビルは違法に建て増しされていた疑いがあり、壁にひびが見つかったため、地元警察が前日、待避を要請していた。だが、工場経営者らは操業を続け、大事故を招いた。事故というよりは、人災だ。

私はたまたま、その半年前にバングラデシュを取材で訪れていた。急激な経済成長で都市の人口がふくれあがり、深刻な交通渋滞でカオスといっていい状態だった首都ダッカの様子を思い出した。農村部では、「日本の記者が来た」と大騒ぎになり、「自分の話を聞いてほしい」と人々が次々に訴えてきた。工場で働く人たちは、農村部から都市部に働きに来ていた人が多かったという。出会った人たちの顔が思い浮かび、ひとごととは思えなかった。

だが、観光国ではないバングラデシュを訪れたことがある日本人はさほど多くないだろう。この時のニュース映像を見て心を痛めたとしても、安全管理がないがしろにされる途上国の話で、身近な問題とは感じなかった人も多いのではないだろうか。

だが、私たち先進国に暮らす人間が、関係ないとは言い切れない。

ここで作られていたのは、私たちが着るための服だったからだ。

バングラデシュの人口は約1億6000万人、1人あたりのGDPは1538ドル（20

17年度）。アジアの最貧国といわれてきたが、最近はめざましい経済成長を遂げている。それを支えてきたのが縫製業で、先進国向けの既製服の輸出を担っていることから、「世界のアパレル工場」とも呼ばれるようになった。ユニクロ、GAPなど、低価格の衣料品ブランドが生産拠点を置いていた。

先進国向けの服作りを長く受注してきた中国に、バングラデシュが対抗するための武器が、人件費の安さだった。産業育成のために、国をあげて「安いからバングラデシュで作って」と呼びかけ、縫製工場ができていった。その中にラナプラザの工場もあった。先進国で、安く、そこそこ質のよい品が手に入るようになった裏では、最低限の安全すら担保されないいま、働いている人たちがいたのだ。

事故をきっかけに、ヨーロッパや米国では、アパレル業界の責任を問い、消費のあり方を見直す機運が高まっていった。日本でも、事故が起きた4月末に「ファッションレボリューションウィーク」が開催され、製造現場について知るためのイベントなどが開かれるようになった。

だが、目に見えた変化を実感できるまでになったかといえば、残念ながらそうとはいえない。一人の消費者として何かやりたいと思っても、一歩踏み出すのはなかなか難しい面もある。自分一人が行動を変えたところで、何かを変えられるという実感も持ちづらい。社会全体にとってよりよい選択をしようにも、あふれる情報の中から、何を、どう選んでいいかよくわからないところもある。

私も、そんな一人だ。

私は2002年、朝日新聞社に入社した。日本の新聞社では、多くの記者が地方の警察担当、つまり事件記者としてスタートする。私も初任地の大分で警察担当をした後、長崎や福岡では、県庁や市役所などの行政を担当した。こうした「記者クラブ」を中心とした取材では、情報を持つ人たちとの関係を築き、いち早く、そしてより深く情報を取ることが求められる。だが、私は人見知りで、人の懐に飛び込むような取材は得意ではなく、自分が記者を続ける意味はなかなか見いだせずにいた。

長崎では、原爆や平和の担当も任された。私は両親が沖縄出身で、沖縄戦を生き延びた祖母や知人の話を聞かされて育った。小学校の低学年まで広島で過ごしたので、原爆資料館には何度も足を運んだし、学校で平和学習をする機会も多かった。小学3年で大阪に転校し、広島から来たと自己紹介すると「ピカドンどうやった?」と聞かれ、広島との意識の差に衝撃を受けた記憶はいまでも鮮明だ。入社面接の際は、そういう体験から自分の問題意識について話をした。だから、被爆者の取材に関われることは願ってもない機会だったし、実際に記者として多くのことを教わり、かけがえのない経験になった。

長崎では、被爆体験を受け継ぐだけでなく、いま起きている紛争や環境問題と結びつけて平和の問題を考えようという試みも様々な人たちの手で続けられていた。ちょうど被爆60年を迎えていたころで、海外取材の機会も何度かあり、戦後に米軍人と結婚した被爆者や、米国人の原爆や核兵器政策への意識についても取材した。地方にいながら、時代や地域を越えてものごとがつながっていることを実感するとともに、全く違う価値観を持つ人たちの話を聞きながら考えることができ、多角的に物事を見ることの大切さを学ぶいい機会だったと思う。

2010年春、東京の社会部に異動になった。社会部も、警察や役所などの記者クラブに所属し、専門的に取材する記者が多いが、「特ダネ記者」とはいえない特性を見抜かれたのか、私は特定の記者クラブには所属することなく、「遊軍」といわれる担当をしてきた。ひとことでいえば、何でも屋。事件や災害などが起きれば現地に取材に入ることもあるし、自分の興味のあるテーマを掘り下げ、ルポなどを書くこともある。

何年かすると、これまでの報道の限界も感じるようになってきた。

新聞は、「ニュース」を伝える媒体だ。記者という立場になって痛感するのは、ニュースとは絶対的な基準があるものではなく、相対的なものだ、ということだ。例えば、大きな事件や事故が相次いだ日は、普段なら社会面に載るような話が記事にならないこともある（最近はデジタル版だけに出ることも多くなったが）。以前はあまり大きな扱いをされなかったことが、何かをきっかけに注目を集め、大きく報道されるようになることもある。あくまで、その時代に、その国や地域で暮らす人たちにとって大切だと思われるかどうかが「ニュース価値」を決める。それを判断するのは編集者や記者たちで、属人的な要素もある（判断を誤ってその価値を小さく見積もってしまい、後悔することももちろんある）。

例えば2016年、「保育園落ちた日本死ね!!!」と題した匿名のブログが話題になった時、ネットにあふれる当事者たちの声を切り口に原稿を書いてデスクに持ち込んだところ、いわれたのは「これの何がニュースなの?」という言葉だった。国会でも取り上げられるなど反響が大きくなり、政府も対策に本腰を入れることを明らかにしてからは、逆に「もっと何か書けることはないか」と記事を求められる日々がしばらく続いた。

ニュースは直訳すれば「新しいこと」。新しく起きたことや、珍しいこと、変化していることであれば記事になりやすいが、おかしいと思っても、長い間社会の中で許容されていたり、変化の速度が遅く、目に見えにくい場合には、なかなか記事にはしにくい。待機児童問題にしても、毎年のように同じようなことが繰り返されており、社会面に書くほどのニュース性を見いだしづらいと判断した人もいるわけだ。紙面を賑わすのは「非日常」のできごと。「日常」が「ニュース」になるとすれば、よほど珍しい要素があったり、「事件」になったりしたときだけだ。

もちろん、その線引きの仕方を変えようと、日々知恵をしぼっている記者も多い。埋もれている話題に光を当て、関心を持ってもらえるように仕立ててこそ、プロの記者が存在する意味がある。

私が記者になって17年の間に、メディアを巡る環境も大きく変わった。入社した2002年に使っていた携帯電話は「ガラパゴス携帯」で、写真を撮ってもとても紙面で使えるような画質ではなかった。いまや、誰もがスマートフォンで動画を撮り、編集し、生中継までできる。私がツイッターを使い始めた2010年ごろは、記者が実名でツイートすることが珍しがられたが、いまではSNSは発信だけではなく、情報収集や取材申し込みの手段としても定着している。ネットメディアが存在感を増し、大手メディアもデジタル発信に力を入れるようになった。

だが、その中でも、メディアの中で語られるジャーナリズムの「基本のき」は、それほど変わっていない。権力を監視し、立ち向かうこと。当局側が隠したがるような、都合の悪い情報を、地道な取材を通じて明らかにすること。圧力に屈することなく、国民の知る権利を守るために闘うこと、などだ。このため、権力の不正を暴く調査報道や、戦争や災害の現場からのレポートは、新聞社の中でも特に重んじられてきた。新聞記者と聞いて、こういった姿をイメージする人も多いだろう。

こうした報道は、戦争や独裁、政治の腐敗といったことに立ち向かうための、ジャーナリズムの重要な使命であることは間違いない。だが、戦争が起きていないという意味で「平和」で、政治家を選挙で選ぶことができる民主主義国家では、少し違ったアプローチも必要なのではないか、と思う。

一見豊かに見える国でも、課題はある。富をどう再分配し、どんな政策にお金をかけるのか。生きづらさを解消していくにはどうすればいいのか。人と人とのつながりが希薄になりつつある時代に、家族や地域社会はどうあるべきなのか。こうした問題は、どこかに「正解」があるわけではなく、立場の違う人たちが議論を重ね、利害を調整し、少しでもベターな道を探っていくしかない。複雑化した社会では、メディアが権力側の責任を追及するだけでは解決には結びつかないし、逆に市民から批判が目的化しているととらえられ、反発を生む可能性もある。社会的な解決に向けて、メディアが何らかの役割を果たせるとすれば、丁寧に問題を掘り起こし、個々の人たちが感じている問題を全体で共有し、解決に向けた道筋を探ることが必要だ。注目を集めやすい事象だけではなく、表に見えづらい部分も掘り下げ、そこから見えたものを伝える努力が求められる。

こうした試みは、メディアの中で行われていないわけではないが、まだ十分とはいえないと感じる。先進国でメディア不信が高まっている背景には、格差の広がりやネットでの議論の先鋭化といった要素だけでなく、「自分たちの問題」がメディアの中で隅っこに追いやられてきたことへの不満もあるのではないか、と思う。こうした声と向き合うには、「ニュース」のとらえ方も、取材のアプローチも、記事の書き方も、変えていく必要がある。

そう感じ始めたのは、2010年末から新聞で連載し、その後単行本として出版された「孤族の国」の企画に参加したころからだ。テーマは、社会的孤立。地域や家族のつながりが薄くなり、孤独死といった形で顕在化し始めている現場を歩いた。

朝日新聞が企画に取り組むきっかけは、2010年夏、日本をにぎわしたある事件だった。東京都内の住宅からミイラ化した遺体が見つかり、どうやら、生きていれば111歳、「都内最高齢」になる男性のものらしいとわかった。その家には、男性の子どもや孫も同居しており、実は男性は30年ほど前には亡くなっていたことが明らかになった。遺体を放置していた理由の一つは、男性の年金がこの家族の収入源になっていたため、亡くなったことを届け出れば生活できなくなることを恐れていたからのようだ。

その後、同じように超高齢で所在が確認できない人が全国にかなりの数いることがわかり、社会問題化した。

「孤族の国」の取材を始めてみると、こんな事件は実はかなり前から、目立たない形で全国各地で起きていたことがわかった。

たとえば、家族が亡くなっても、「葬式代が出せない」「どうしていいかわからない」といった理由で遺体を放置し、刑事事件になったケースは、地方版の小さな記事としてだいぶ前から報じられていた。

家族や知人との交流がほとんどなくなり、亡くなって数カ月もの間、誰にも発見されない孤独死の問題も起きていた。だが、事件性が疑われなければ警察から発表されないことも多く、記事にすらなっていなかった。

何百件、もしかしたら何千件という、小さなニュースをつなげてみれば、その背景にあるもっと大きな問題――社会のつながりが希薄になり、家族がセーフティーネットとして機能しない時代が来ている、ということが見えたはずだ。見ようと思えば見えるところに問題があったのに、見えていなかったのだ。これまでの「ニュース価値」とは違う形で問題提起をしなければ、見えないものがある。そう痛感した取材だった。

世の中の意識の変化も感じるようになった。

その流れを作ったのは、「働き方」への関心の高まりだ。非正規雇用が広がり、過労死やブラック企業といった言葉を頻繁に耳にするようになった。昭和の時代までは当たり前とされていたこと――例えば、安定した収入を得る、結婚して子どもを持つ、といったことが、バブル崩壊後、格段に難しくなった。

一方で、デフレの時代になり、賃金が伸び悩んでいるにもかかわらず、求められるサービスの質は下がるどころか、消費者の要求水準は高まっているようにすら見える。日本のサービスは、値段の割に質が高いといわれる。だが、その裏で犠牲になっている人がいるのではないか、ということが、少しずつ共有され始めた。

社会の受け止め方の変化を私が強く感じたのは、2016年9月に起きたある事故の取材だ。

関西の私鉄、近鉄で人身事故が起こり、電車の運休で駅なども混乱した。このとき、別の駅で客の対応をしていた車掌が、突然パニックになって走り出し、高架線路から飛び降りて重傷を負った。目撃者によると、「電車はいつ動くんだ」などと、数人の乗客から激しく詰め寄られ、追いつめられたようだという。この話が広まるにつれ、ツイッターでは車掌を擁護する声が広がり、持ち場を離れて飛び降りるという行動に対し、寛大な処遇と心のケアを求める嘆願書への署名活動が始まった。「クレーマーから社員を守るのも会社の責任」。こんな意見も書きこまれた。

こうした分野に関心を持って取材を続けてきた私にとっては、ネットの反応は意外でもあった。もう少し前であれば、車掌という立場の人がこんな行動を取れば、「無責任」と断じ、責任を追及する声が大きかったはずだからだ。「孤族の国」のシリーズを担当していたころは、貧困や孤立、心の病といったことについて、「自己責任」と断じる風潮はまだまだ強かった。だが、こうした問題は自助努力だけではどうにもできないことが多くの専門家や支援者によって指摘され、幅広く共有されるようになっていった。格差、社会の分断といったキーワードを、「自分ごと」としてとらえる人が増えてきたように思う。

服も、食べ物も、安く、いいものが手に入る。そのこと自体は、生活していく上ではとてもありがたいことだが、その裏側では、大きな犠牲を払っている人たちがいる。なぜ安いのかといえば、安い賃金で雇える人を使い、大量に生産する仕組みがあるおかげだ。グローバル企業といわれるような巨大企業は、安い途上国の人材を使い、世界的な規模でこうした仕組みを作り上げており、小さな企業はよほどのオリジナリティーがない限り、太刀打ちできなくなってきている。大企業による寡占化が進み、雇用が不安定になって生活が苦しくなった結果、ますます安い商品を求める動きは強まっていく。グローバル化の波が押し寄せ、先進国でも、自分たちの仕事がより安い途上国に奪われたと訴えたり、途上国の安い労働力と競争するために賃金が下がったりといった影響が出始めている。

では、先進国で行われていた仕事を担うようになった途上国の暮らしがよくなっているかといえば、そうではない。安い賃金で長時間労働を強いられている人たちがいる。環境に深刻な影響を及ぼし、現地の産業が破壊されているケースもある。無理な搾取が続いた社会では、テロリストが生み出され、紛争の火種になっている。

これまでも、環境問題や、紛争、テロ、絶対的貧困といった現実を伝える報道は続けられてきた。だが、日本で暮らす多くの人にとっては、「遠い国の出来事」であり、自分の行動で何かを変えられる、という実感は持ちづらい。日本のメディアで働く記者として、もう一歩踏み込んで、私たちの普段の暮らしと、地球の「どこか」で起きている問題をつなげ、「自分ごと」として提示することはできないか。漠然と、そんな思いを抱くようになった。


そんな時、あるプロジェクトへの参加を呼びかけられた。NHK「クローズアップ現代」のキャスターを長年つとめた国谷裕子さんと共同で新しい企画を立ち上げるため、社会部、文化くらし報道部、デジタル編集部など、幅広い部署から記者が集められた。

2016年7月、最初にお会いした時、国谷さんから提案があったのが「SDGs」だった。

Sustainable Development Goals（持続可能な開発目標）。2015年9月、国連で採択された17の目標だ。2015年に期限を迎えたMDGs（Millennium Development Goals＝ミレニアム開発目標）が、途上国の貧困問題の解決に重点を置いていたのに対し、SDG sは先進国も含めたすべての国が取り組むべき目標として位置づけられている。

このプロジェクトでは、SDGsのコンセプトに当てはまる現場のルポと、インタビューで構成し、新聞社ではあまり取り組んでこなかった動画のドキュメンタリーにも挑戦することになった。インタビューのエキスパートである国谷さんには、それぞれのテーマの第一人者や、現場で活動する人へのインタビューを担当していただき、私たち記者が主に現場のルポを担うことになった。

この本の共同筆者である藤田さつき記者（朝日新聞オピニオン編集部記者）は、2000年入社で私より少し先輩。SDGsの企画が始まったころは、文化くらし報道部で主に生活面を担当していた。同い年の子どもがいるという共通点もあり、記事の方向性についても思いを同じくすることが多かった。共通認識としてあったのが、「遠い話」ととらえられがちな環境や貧困などの話題を、なるべく日本の消費者に関心を持ってもらえるような打ち出し方をしたい、ということだ。食べ物や服といった、普段の暮らしに欠かせないものを切り口に、その向こうに広がる「世界」の出来事を考えてもらうきっかけにできないか、と考えた。

準備期間を経て2017年1月、企画がスタートした。この企画を中心に、藤田記者と私は何度か、食品ロスや、服の大量廃棄といった問題について、共同で記事を執筆してきた。

日本の消費者にどのくらい届くか不安だったが、反響は予想を超えたものだった。この本は、藤田記者と私が1年半ほどの間に取材してきた内容を元にしたものだ。

第1部は、アパレル業界の話。流行のデザインを安い価格で提供するファストファッションが定着し、安くおしゃれを楽しめるようになった。それを支えるのは途上国での大量生産だが、一方で売れ残りも増え続けている。かつてのように、ブランド名で服が売れていた時代が終わり、ファストファッション以外にも、大量生産のビジネスモデルは広がっている。「捨てることになっても、たくさん作った方がもうかる」業界の実情と、それを改善するための取り組みを取材した。

第2部は、食品業界の話。「恵方巻き」などの季節商品が大量廃棄されていることや、そうした現象が起きてしまう理由を取材した。朝日新聞デジタルで公開された動画ドキュメンタリーが大きな反響を呼んだ「捨てないパン屋」の取り組みも紹介している。

第3部は、私たち消費者自身への問いかけだ。自分のお金をどこに使い、何を買うかは、実はそれ自体が一つの社会活動でもある。毎日の買い物が企業を変える可能性がある、という視点から、問題提起をしてみた。

自分一人が行動を変えたところで、何も変わらないのではないか、と無力感を抱いている人もいるかもしれない。だが、とうてい太刀打ちできなさそうな「巨大企業」も、中に入ってみると普通の人間が働く組織でもある。

私は時々、外の人が描く「新聞記者像」が、自分たちの実像よりもはるかに大きくて、戸惑うことがある（メディアへの不信が強くなり、以前と比べれば新聞記者に何かを期待する人は圧倒的に減っているとは思うが）。

5年ほど前、静岡総局にいたころ、記者志望の大学生たちをインターンとして受け入れたことがある。1泊2日の研修を経て、大学生の一人がこんなことを口にした。

「新聞記者って、もっと自信満々で、『これが正解だ！』みたいな感じで記事を書いているんだと思ってました。こんなに悩みながら作ってるんですね」

そんな風に見られていたのか、と思わず苦笑いしたが、私にとってはうれしい言葉でもあった。新聞記者はいろんな人に話を聞き、資料にあたり、それぞれの事実を突き合わせながら、どんな風に「記事」として仕立てるか考える。同じ材料が手元にあったとしても、そこから何を導き出すのかは人によって違う。関係者の言い分が真っ向から対立することもある。事実確認は十分か。誰かの責任を追及するにしても、言葉が強すぎるのではないか。この問題が「おかしい」と感じた自分の感覚は、実はものすごくずれているのではないか。見出しはミスリードになっていないか。最後の最後まで、いろんな人と議論を重ね、悩み続ける。それでも、記事として外に出た後、読者の反応から新たな視点をもらうことも多い。駆け出しのころ、「1人の苦情の向こうには、何も言ってこない100人がいると思え」と教えられたが、それくらい、1人の苦情も評価も、社内では大切にしている。

新聞記者は、いろんな分野の、いろんな人たちに話を聞きに行くことができる。積み重ねていくうちに、どんなに「強力」に見える組織の人たちも、実は外の声をとても気にしているのだな、と感じるようになった。勢いのあるグローバル企業でも、政治家でも、世論には非常に敏感だ。また、外の声に耳を傾けられる組織でなければ、いずれ勢いは衰えていくものだ。

だから、あきらめずに、企業に対して、消費者としての声を届けてほしい。苦情だけではなく、いいと思ったらその評価を伝えることもとても大切だ。企業にとっては、方向性が間違っていないと確認し、社内で懐疑的な人たちにも広げていく原動力になるからだ。それをSNSで周りの人にも伝えれば、誰かが気づくきっかけになるかもしれない。そういう積み重ねが、実際にいま、じわじわと世界の企業を変え始めている。

大きな変革の第一歩は、たいてい、気づかれもしないような小さなきっかけから始まっている。ボランティアや社会起業家といった社会貢献の形は、誰もが気軽に、というわけにはなかなかいかないだろう。だが、普段の暮らしの中でも、できることはたくさんある。毎日の暮らしを支える商品がどのように作られ、手元に届いているかについて関心を持つ人が増え、自分の買い物の仕方を変える人が増えれば、企業も、社会も、変わっていく。

この本が、そんなきっかけの一つになればと願う。

口絵、本文写真提供／朝日新聞社
図版作成／デザイン・プレイス・デマンド

大量廃棄社会

目次

第1部　アパレル業界編

第1章

それでも洋服は捨てられ続ける

1　在庫処分ビジネスの現場

文・仲村和代

４枚に１枚の服が捨てられている

１年間に10億枚の新品の服が、一度も客の手に渡ることもないまま捨てられているらしい──。

そんな話を耳にしたのは、ＳＤＧｓの企画に関わり始めたころだ。いまとなっては記憶がさだかではないのだが、たまたま見かけたネットの情報だったと思う。

とんでもない数字だ。日本で供給されている服の４枚に１枚は、新品のまま捨てられている計算になる。

日本には、「もったいない」という考え方が根付いている。かつては、限りある資源をできる限り生かし、無駄を出さないように工夫する暮らしが根付いていた。戦後、大量消費の時代を迎え、その循環の仕組みは崩れてきたとはいえ、多くの人は、なるべく無駄を減らそう、と心がけて暮らしている。それは、自分の家計のためだけではなく、環境に負荷をかけないように暮らしたい、という思いがあるからだ。「断捨離」という言葉が、流行を超えて定着していったのも、たくさんのものを所有していることが、豊かさや幸せにつながっているとは限らない、という思いを抱える人が少なくないことの現れだ。

誰しも、買った服が似合わなかったり、すぐに流行遅れになったりして、ほとんど着ずに捨ててしまった苦い経験はあるだろう。だが、そもそも商品として消費者の手元に渡ることすらないまま、大量に処分されているとしたら、そうした「無駄」とは全く別の次元の問題だ。

廃棄は事実なのか。なぜ、そんなことが起きてしまうのか。私（仲村）と藤田さつき記者の２人で、取材を始めた。

条件は「ブランドタグを撮影しない」こと

３階までの高さに一部が吹き抜けになった倉庫の中には、段ボール箱が何重にも整然と積み重ねられている。「メンズＳＳ」「スカート20枚」。それぞれの箱には白い紙が貼られ、マジックペンでこんな文字が書き込まれている。

箱の中身は、すべて新品の服。箱をのぞいてみると、きちんとたたまれ、そのまま店に出しても問題なさそうな商品ばかりだ。プレスされ、ビニールシートで保護されたものもある。

2018年3月、私は大阪市の在庫処分業者「Shoichi（ショーイチ）」の西成区にある倉庫の一つを訪ねた。ここに、アパレルメーカーや工場などから、「売れ残り」の品が大量に持ち込まれていると聞いたためだ。

新品の服の大量廃棄問題について本格的に取材を始めたのは、その2カ月ほど前のことだった。だが、大量廃棄はアパレルメーカーにとって、なるべく公《おおやけ》にしたくない事実だ。また、業界は製造や流通の仕組みが複雑で、全体像を把握している人も少ないらしい、ということもわかってきた。実態を語ってくれる人は簡単には見つからない。どのようなルートをたどって、どこに廃棄されるのかも、いま一つよくわからなかった。

そんな中、ある人から「ここなら話を聞けるのでは」と名前があがったのが、ショーイチだった。廃棄の現場というわけではないが、売れ残った服が集まる場所だ。すでに、テレビや雑誌の取材をいくつか受けていた実績もあった。メールで問い合わせてみると、山本昌一社長からすぐに返事があり、ブランド名がわかるタグを撮影しない、といった条件で、取材させてもらえることになった。

１９７８年生まれの山本社長は、就職氷河期まっただ中に鳥取大学を卒業。就職状況が厳しかったため、学生時代にネットオークションなどでブランド品販売をしていた経験を生かし、自営でオークションの仕事をする道を選んだ。その流れで在庫処分を手がけるようになったのだという。

写真記者とともに訪ねたショーイチの倉庫は、倉庫やスーパー、住宅などが混在する一角にあった。入り口は車2台が通れるほどの間口しかないが、奥には体育館ほどの巨大な空間が広がっていた。

「在庫は常時出たり入ったりしてるので、きちんと把握できてるわけじゃないけど、他の倉庫と合わせて１００万枚はありますね」と山本さんは言う。そんな話をしている間にも、トラックがやって来て段ボール箱が下ろされ、フォークリフトで奥へと運ばれていく。この日も、１日で4千〜5千枚が持ち込まれたという。

こうした衣料品はなぜ、ここに来ることになったのか。山本さんは段ボール箱を開けながら、説明してくれた。

「これはいわゆるB品で、工場で検品を通らなかったやつですね。素人目にはほとんどわからないけど、ここは結構チェックが厳しいメーカーさんです」。段ボール箱の中にあったのは、女性もののグレーの薄手のパーカーが十数着。広げて見せてくれたが、私にはどこに問題があるのかは全くわからない。

「これはメーカーから持ち込まれたもの。お店で売れ残ったもんなんで、サイズがバラバラです」。そこに入っていたのは、女性ものの茶色の落ち着いたデザインのパンツ。定番に近いので、店に置いておけば売れそうな気もするのだが、サイズがそろっていないと置いておくのは難しい、という事情らしい。

持ち込まれた段ボール箱には、メーカーや売り主の名前が入ったものも少なくない。回りながら見ていくと、私も最近買ったことがある大手の通販業者や、十代のころに流行っていたブランドもある。あのころはお金もなくて、正価ではとても手が出せなかったような品だ。現物を見ると、縫製やデザインはしっかりしており、一歩間違えば捨てられる運命にあったとはとても思えない。ああ、あのころ手が出るほどほしかった品が、こんな風になっているなんて。思わずため息が出た。

アウターは暖冬になると売れ残る

山本社長によると、持ち込まれるのは圧倒的に女性ものが多い。納期に数日間に合わなかったためにメーカーが受け取りを拒否し、行き場がなくなったというようなケースもあり、一度も売り場にすら出ることがないまま、「処分品」となるものもあるという。

こうして売れなくなった品の「行き先」を見つけるのがショーイチの仕事。自社の運営するオンラインショップで売ることもあれば、駅などで開催される催事《さいじ》に出すこともある。持ち込まれた商品のタグを手作業で外し、どのブランドの商品かはわからないようにしてから出品している。ブランドによっては、自社の商品を正価で売っている店舗の近くで売られると困るため、「催事場はNG」など、条件を付けてくるところもある。買い取りの値段はこうした条件にもよるが、定価の1割ほどで買い取り、17〜18パーセントで売れるのが一般的な相場。まれに、どうしても売れ残って廃棄する場合もあるが、全体の1パーセント以下だという。

2005年の創業以来、業績は右肩上がり。年間約600社と取引し、年間500万点ほど扱っているという。

それにしても、なぜこんなに売れ残るのか。山本さんの紹介で、同社に商品を持ち込んだことのある60代の男性に話を聞くことができた。女性ものの衣料品や雑貨を扱うアパレルメーカーで長く営業担当をしていたという。以前は岐阜など国内の工場で作っていたが、いまは主に中国で作っている。

「服っちゅうのは、半年とか1年くらい前に、流行の見込みを立てて発注するんですが、外れてしまうことも多いんですわ。特に、冬物のアウターなんかは大変で、寒ければ売れるけど、暖冬になると3分の1は売れ残る。値段下げてもだめなんです」

次の年にまた売る、という選択肢はないのだろうか。

「やっぱり流行がありますからね、1～2年置くともうだめです。メーカーも、毎日、ものを作ってるわけなので、そのまま在庫として抱えてると、資金もショートしてしまう。次の仕入れのためにも、早めにさばかなあかん。その意味では、ここ（ショーイチ）みたいにタグを変えて、ブランド名がわからんようにして売ってくれるっちゅうのはすごくありがたいですわ」

零細から大手まで、こうしたメーカーとの取引を続けてきた山本社長は、「うちみたいな企業は、いまのアパレル業界に必要なインフラ」と表現した。

「どんな有能な人でも、ちょうど売れる量だけ作るのは不可能。客がどのくらい買ってくれるかをきちんと予測するのは無理なんで、多めに作るか、もしくは客を待たせるか、ということになる。でも、待ってまで買ってもらえる商品はそう多くない。販売機会をなるべく逃さないためには、やっぱり多めに作るしかないのかなと思います。もし、作るスピードが上がって、客の手元に届く時間が早くなれば、無駄は少なくなるだろうし、うちみたいな業者は減るのかもしれません。それはそれで仕方ないと思ってます」

撮影スタジオまで併設

倉庫を出た後、今度はショーイチの事務所を訪ねた。繊維の街・船場にある4階建ての小さなビルが、まるまる本社ビルになっている（現在は移転）。階段で4階まで上がると、そこはスタジオになっており、女性のモデルが撮影の真っ最中だった。

在庫の商品同士を女性社員が組み合わせてコーディネートし、写真撮影して、自社のサイトに載せる。「付加価値を付けることで魅力が伝わって、売れていく」という。100着ほど残っていれば、それだけの撮影コストをかけても、十分見合うのだという。

「付加価値」という単語をこの場所で聞くとは思ってもみなかった。私の初任地である大分県は、それぞれの町で名産品を作ろうという「一村一品運動」に取り組んでいた。農業や漁業など第一次産業に関わる人たちがよく使っていたのが、この「付加価値」という単語だった。農作物などをそのまま出荷するだけではなく、加工品にすることで、商品が日持ちするようになったり、形が悪いといった理由で出荷できない品を生かせたり、といったメリットがある。現金収入にもつながり、規模が大きくなれば、地元での雇用創出にもつながるというわけだ。アパレルという業界でこの「付加価値」という言葉が同じようなニュアンスで使われるのは意外で新鮮だったが、考えてみれば、「素材の持ち味を生かしつつ、少し手を加えて消費者が求めたくなる商品にして買ってもらう」という意味では、農産物の加工品と共通するものがある。

改めて、ハンガーに掛けられた商品を一つ一つ手にとって見てみた。どれも縫製がしっかりしており、流行のデザインを取り入れ、デパートに置かれていても全く違和感のない商品ばかりだ。

ショーイチが運営するオンラインサイトものぞいてみた。

「掘り出し物探し　訳あり　ちょっとした理由で販売できなくなった商品を、独自のルートで仕入れお客様にリーズナブルな価格でご提供しています。百貨店やＴＶ通販などで販売しているものもたくさん♪」

価格が安いのは、タグがカットされていたり、メーカーがブランドへの納品をキャンセルされたり、在庫処分だったりする商品だから、といった理由も説明されている。この他は、モデルがきれいに着こなし、季節ものもそろっていて、一般的なファッション関連のサイトと何ら変わりがない。

試しに、一消費者としての目で買いたいものがあるかどうかを吟味し、購入してみることにした。買ったのは、流行りのハイウエストのベージュのワイドパンツ（２４８０円）と、「大人こなれ感カジュアルＳＴＹＬＥ」の宣伝文句で売り出されていたミモレ丈のラベンダー色のスカート（２３８０円）。

どちらも買い足そうかと迷っていた品だ。届いた品を見ると、デパートなどで売られている品と質の上では遜色ないが、価格は2〜3割、という感覚だ。

もし、ショーイチが買い取らなければ、こうした商品はそのまま捨てられていたかもしれない。同じように企画され、作られた商品が、ちょっとした運命の違いで、正価で売られることもあれば、バーゲン品で半額になることも、ブランド名を隠して2割になることまである。さらに、最悪の場合はごみになってしまう。

そして、実感しづらいが、廃棄のコストは価格に上乗せされ、消費者にも跳ね返ってきているのだ。

私が普段、洋服に支払っているお金は、一体、何に対しての対価なのだろう。「付加価値」でよみがえった商品を前に、複雑な気持ちになった。

2　新品の服はこうやって廃棄される

文・藤田さつき

京浜島を歩く

仲村和代記者が大阪の在庫処分業者を取材していたころ、私（藤田）は、新品衣料がまさに廃棄される現場をなんとか取材したいと探し回っていた。

まず向かったのが、羽田空港のすぐ北側にある埋め立て地、「京浜島」の周辺一帯だ。機械部品工場や金属加工工場などが立ち並ぶ中に、首都圏で収集された家庭ごみや産業廃棄物の処理工場や関連業者が集まっている。

ネットで調べながら歩き回っていた時、廃棄物を運搬する業者の事務所を見つけた。敷地にはごみ収集をするパッカー車が数台停まっていた。戸口で声を掛けると、事務所にいた男性が応対してくれた。

「海外の有名ブランドから、売れ残った服やカバンの処理を依頼されたことがありますよ」

男性は記憶をたどってくれた。

「値段が高い商品ばかりで、上下で15万円もするジャージもあった。収集車3台分。すべて焼却処分するよう言われました」

やはり売れ残った服は廃棄されているんだ。でも安い値段であってもセールで売り切ればいくぶんかは製造コストを回収できるはずなのに、なぜ廃棄するのだろうか？　私の疑問に男性は答えてくれた。

「高級ブランドだからですよ。その店は、通常のセールやファミリーセール（得意先や社員、その家族向けに行うクローズドのセール）もやらないらしい。安売りすれば、ブランド価値が傷つくからです。だから処分費用がかかっても、すべての商品を破砕して焼却し、横流しなどされないようにしてしまう」

男性は続けて言った。

「廃棄処分の証拠写真も、1点1点すべての商品について撮って提出するように言われましたよ」

作業が完了した後、ブランドの担当者から「本国に処分写真を送ったら、さすが日本はきっちりしていると評価されました」と感謝されたという。かつて「もったいない」という言葉を世界に広めた日本がいまや、徹底した廃棄による管理能力の高さを評価されているとは。皮肉だなと思った。

「ブランド価値」を守るために「廃棄」する

後日、アパレル企業などの数々の経営コンサルを手がけてきた「百年コンサルティング」社長の鈴木貴博さんに、企業が「在庫を廃棄する理由」を聞いた。

「在庫の廃棄は、アパレルだけでなく食品や家電といったメーカーにおいて、ビジネスの重要なテーマなのです。ただ特にアパレルでは、『商品を陳腐化する』というセオリーがビジネスモデルの中心に据えられてきました。つまり、いかにして前のシーズンの商品の価値を下げて新しい商品を売っていくか、ということです。たとえば業界として今年の流行色を打ち出すのも、その一環です。去年の色の服は現在はもはや価値を失ったということを、消費者に示すのです」

過去の商品はこのように次々と陳腐化させて市場からできるだけ取り除き、客を最新の商品へ誘導するのだ。こうしたビジネスモデルを徹底するために、アパレル業界は売れ残り在庫を廃棄してきたのだという。

「万が一在庫が安く出回ってしまうと、値崩れやブランド価値の毀損《きそん》につながる。そのリスクを防ぐためにも、廃棄は効果的です。さらに在庫として抱え続けることは、経理的にも税金の負担が増えて都合が悪いのです」

鈴木さんによると、商品在庫は売れると売り上げを計上できるのに加えて、「製造原価」の費用も計上でき、節税ができる。だが在庫が売れないままだと「棚卸《たなおろし》資産」として計上され、その状態では「費用」が発生しない。そのため節税ができず、金融機関への借り入れの金利もかかり続けるのだという。在庫を廃棄すれば、その処理費などを費用に計上でき、節税につながるのだ。

「要するにいろんな理由で、在庫は廃棄することが企業にとって最も得策なのです。特に高級ブランドのアパレル商品は製造原価の割合が低い。だから廃棄のロスは大したことはありません」

鈴木さんはこう教えてくれた後、言った。

「ただ廃棄の現場を押さえるのは難しいでしょうね。守秘義務がありますから」

厳しい守秘義務

実際、前述の廃棄物運搬業者の男性も、廃棄を依頼してきたのがどこのブランドかは決して明かさず、銀座にも出店する有名な高級ブランドとしか語らなかった。

「契約で厳しく守秘義務を課されていますから」

そもそもファッション産業は、華やかさやクールさ、可愛さといったイメージを売りとするビジネスだ。新品を廃棄していることが社会に知られればマイナスイメージとなり、ブランドを傷つける恐れがあるとアパレル企業は強く意識しているのかもしれない。

しばらく京浜島周辺を取材すると、「去年、有名ファストファッション店の在庫が焼却されたらしい」といった断片情報や、「あの焼却工場はアパレルメーカーの在庫を受け入れている」という話を聞いた。在庫を廃棄するのは高級ブランドだけではなさそうだということは分かったが、守秘義務の「壁」は高く、廃棄そのものの現場を見ることはできなかった。

その後、企業向けの廃棄処分コンサルタント会社などにも取材した。近年では、在庫の服を廃プラスチックなどとともに固め、成型して燃料化する処理方法が広がっているということを知った。こうして作られた固形燃料は「ＲＰＦ（Refuse derived paper and plastics densified

Fuel)」という。この処理方法は日本では「サーマルリサイクル」とも呼ばれ、あたかも「リサイクル」の範疇《はんちゅう》かのように語られているので、企業も廃棄しやすくなるのだという。

しかし結局、肝心の「廃棄の現場」はやはり取材することができなかった。

朝日新聞で「正しいこと」を扱う葛藤

そもそも仲村記者と私が「服の廃棄」の取材を考えるようになったのは、2017年の秋ごろだった。

「はじめに」で仲村記者が書いたように、私たちはその年の1月から、キャスターの国谷裕子さんがナビゲーターを務める「2030　SDGsで変える」というキャンペーン企画を朝日新聞で始めていた。

SDGsで掲げられている「貧困をなくす」「ジェンダー平等」「クリーンなエネルギー」などの目標はどれも私たち人間がこれから先、地球で暮らし続けていくためには必ず達成しなくてはならない重要なものだ。だが前述のように、こうした問題を、多くの読者が「自分ごと」として関心を持って読んでくれるか不安も抱いていた。

私自身がさらに心配だったのは、誰もSDGsを否定できない、ということだ。

そこに掲げられている一つ一つの目標を読めば、どれも「正しいこと」だとすぐ分かる。しかしただでさえ「上から目線」と思われがちな朝日新聞が「遠い世界」の「正しい話」を書いても、「押しつけがましい」と敬遠されたりスルーされたりしないだろうか。ＳＤＧｓの大切さをちゃんと伝えられるだろうか。私にはそれが心配だった。新聞記者のくせに軟弱な、と思われるかもしれないが。

そんな思いが頭を離れなかった時に仲村記者が言い出したのが、「フードロスはだいぶ世間に知られるようになったけど、洋服も新品なのにたくさん捨てられているらしい」ということだった。

海外の報道などで、低価格のファッション消費を支えるために途上国の製造現場で劣悪な労働条件が強いられている現状があることは私も知っていた。ただ、ここ日本で新品の服が大量に捨てられているということは、それまであまり報じられていなかった。あれだけ大量の服が短いサイクルで入れ替わるのだから想像には難くないが、日本ではそれをまだ突きつけられたことはなかった。

廃棄の実態やその背景を記事で伝えることができれば、多くの人が「自分の服はどうやって作られているのだろう」と思いを馳せるかもしれない。誰もが毎日着ている服のことだから。そんな可能性を感じ、取材を始めたのだった。

10億点？　30億点？　100万トン？

「服の廃棄」の記事で私たちが必ず伝えたいと考えていたデータは、新品のまま廃棄される服の具体的な量だった。そのボリュームを示すことが、読者へ最も訴える力があると思ったからだ。

インターネットには、10億点や30億点、１００万トンなどの数字が出ていた。ただいずれも、その根拠や算出方法ははっきりしなかった。家庭から出された中古の服が含まれている場合もあったし、国の関係機関のある資料では、こんな趣旨のことが書かれていた。

「アパレル企業などへのヒアリングによると、アウトレットなどで価格を下げても販売し、売れ残りを極力ゼロとしているため、廃棄処分される新品の量はゼロとした」

これでは埒《らち》が明かない。確かな統計が存在するのか国へ直接聞くしかないと思い、まずは環境省へ問い合わせた。

「探してみたけれど、新品の服の廃棄量だけ取り出した統計はありませんでした」

経済産業省も、生産量と輸入量を合計した服の「国内供給量」しか把握しておらず、「廃棄量や売れ残り在庫の統計はない」という回答だった。

それなら消費量（＝消費者が購入した量）が分かれば、供給量から差し引くと、売れ残り在庫の量が出てこないだろうか。そう考えて探してみると、公的な統計で見つけることができたのは、内閣府の「国民経済計算年報」と総務省の「家計調査」から推定した「家庭消費規模」だった。日本繊維輸入組合が発表しているものだ。別の統計も利用して、点数ベースの消費量を推計した。

２０１７年は、供給量約38億点に対して、消費量は約20億点。売れ残った在庫の量は、差し引き18億点ほどと推計できた。２０１８年７月に掲載された新聞記事では、手堅く見積もって、私たちはこのように書いた。


新品衣料の売れ残りや廃棄の統計はないが、国内の年間供給量から年間購入数の推計を差し引くと十数億点にもなる。再販売される一部を除き、焼却されたり、破砕されてプラスチックなどと固めて燃料化されたりして実質的に捨てられる数は、年間10億点の可能性があるともいわれる。

仲村記者とアパレルの専門家に当たったところ、「供給量のおよそ4分の1が廃棄されているということは、現場の感覚からもずれていない」という証言も得られた。

新品衣料の廃棄をめぐる取材で直面した、なかなかたどり着けない廃棄現場と、はっきりしない統計。

統計が存在しないのは、国の問題意識もまだ明確に定まっていない「新しい問題」だったから、なのかもしれない。ただ、守秘義務の壁に阻まれた向こう側には、アパレル業界が社会に見せたくない「不都合な真実」が存在し、国にとっても明らかにするメリットを感じない「不都合な数字」だったのではないかという疑念は消えなかった。

もしかしたらそれは、ファッションの大量消費を享受してきた私たち消費者にとっても、見たくない現実なのかもしれない。そんなことを考えながら、私たちは取材を続けた。

3　犯人はファストファッションか？

文・仲村和代

売れないのに、作られる服は増え続ける

年間10億枚もの服が、誰も袖を通すことすらないまま、捨てられているという衝撃的な事実。藤田さつき記者と取材を進めるうち、その問題の一端は見えてきた。

だが、なぜそんなことが起きてしまうのかは、業界の歴史や構造に踏み込まなければ、理解は難しそうだ。そこで私（仲村）は、ファッション業界のコンサルタント「小島ファッションマーケティング」の小島健輔代表に連絡を取った。

小島さんは洋装店やブティックを経営していた家に生まれ育った。大学卒業後は大手婦人服店チェーンで働いたのち、１９７８年に同社を設立。「感性に依存せず、データを元にしたマネジメント」を提唱し、売り場での指導やビジネスモデル設計の助言などをしてきた。

ブログでは舌鋒鋭く、批判もいとわずにズバズバ切り込んでいる。会うまではどんな人なのかと緊張したが、実際に会ってみると、話は極めて論理的でわかりやすかった。

大量廃棄の問題について知りたいと伝えると、小島さんがまず示してくれたのは、1990年以降、国内の衣料品の供給点数と消費点数、そしてどれだけ売れたかを示す消化率のグラフだ。

「下着をのぞいた衣料品の供給点数は、90年代に12億点程度だったのが、25年間で倍以上に増えています。でも、消費量の方はほぼ横ばいです。その結果、当たり前ですが、95%を超えていた消化率は、約半数にまで落ち込んでいる。つまり、消費者が買う量はほぼ変わっていないのに、作られる量だけがぐんと増え、その結果、大量に余るようになったというわけです」

極めて明快な説明にうなずきつつ、次に浮かんだのは、ではなぜ売れないことがわかっていて、作る量を増やしたのか、という疑問だ。

小島さんいわく、そこに関係しているのが、2000年代以降、日本国内で起きた深刻な「アパレル不況」だという。

海外のアパレルメーカーは、世界的な規模での分業体制を進めることで、大幅に価格を下げることを実現してきた。こうして誕生した「ファストファッション」のブランドは、「安く、質もそこそこよい」品を供給し、日本でも大人気となった。

ファストファッションの特徴の一つは、企画から販売までのサイクルが非常に短いことだ。通常のアパレルメーカーであれば、商品を企画するのは販売が始まる半年から1年ほど前だが、ファストファッションの場合、数カ月前にまで短縮されており、よりトレンドを反映しやすい。費用が安い分、質が落ちる面があるとはいえ、どのみち流行はそれほど長くは続かない。「安くおしゃれをしたい」とコストパフォーマンス（費用対効果）を重視する消費者にとっては、お得感たっぷりだ。

「その影響をもろに受けたのが、国内のアパレルメーカー。デパートで比較的手頃な価格帯で売られているようなブランドの商品が、ファストファッションに取って代わられた。売れない分をカバーして利益を確保するためには、原価を下げるしかない、ということになっていった」

「どうせセールになれば安くなるから……」

では、原価はどうやって抑えるのか。その方法の一つが大量生産だったと、小島さんはいう。

「大量に生産したからといって、手間が省けるわけではない。どんなに大量でも、作る工程はほとんど一緒。要は、人件費の安い国に発注してコストを抑えるということなんです。

日本の工場だと、ほとんどが少人数でのチーム分業です。オーダーメイドに近い。発注も数十着単位です。中国の工場だと500〜5000。これがバングラデシュやベトナムになると、単位が一つ増え、1万〜10万になります。

チーム分業の場合、服を作るいろんな工程を経験するので、何年かするとスキルが上がり、給料も上がっていく。ところが、バングラデシュのような国では、入ったばかりの人でもすぐに組み込めるよう、工程が非常に細分化されている。1年間、右のボタンだけ付け続ける人がいるわけです。どんなに長く働いても、スキルも身につかないし、給料も上がらないんです」

企業側は、売れ残り覚悟でコストを抑え、全体として利益を出すことを狙う。だが、消費者が手にするのは目の前の1着。コストを抑えれば、その分、質にもはねかえり、ファストファッションとの差が消費者には感じられなくなっていく。量が増えて売れ残る品が増えると、バーゲンやアウトレット、ファミリーセールなどで価格を下げて売られる商品も増え、消費者が「どうせ値段は下がる」というマインドになって買う意欲も薄れる。メーカーは様々な手段で売れ残りを防ぐ努力はしているが、人口が増えたわけでも、所得が大幅に増えたわけでもないのに、供給量だけがこれだけ増えてしまうと、その努力にも限界がある。悪循環だ。

小島さんも、洋服の需給調整は難しいと認める。どんな商品を作るかを企画して発注してから販売までには半年から1年ほどあり、その間にトレンドが変わってしまうこともある。またそれだけではなく、「売れるから売れ残る」こともあるのだという。別のメーカーが同じような商品を作っていれば、供給過剰になってしまうからだ。

「どの社も、ライバルチェーンが似たようなものを作っていないかなどを調べてはいるが、需給ギャップはふたを開けてみないとわからない」と小島さん。

一度発注してしまうと、生地の調達や裁断、工場での縫製など、どんどん工程が進んでいくため、途中で軌道修正して別のデザインにしたり、数を減らしたりすることは難しい。また、同じデザインに見えても、1年経てばシルエットが微妙に変わり、売れなくなってしまうため、翌年以降に持ち越すこともできない。

「だからといって、大量に発注することでコストを抑えても、問題の解決にはつながらない。

抜本的な改革が必要です」と小島さんはいう。

成長できない日本のデザイナー

アパレル業界でも、その危機感が共有されていないわけではない。２０１５年12月には、経済産業省が業界関係者や消費者を集めた「アパレル・サプライチェーン研究会」を立ち上げ、議論を始めた。小島さんも、その委員の一人だった。

翌年6月にまとまった報告書でも、「オーバーストア（過剰店舗）」と「オーバーサプライ（過剰供給）」の問題が指摘されている。少し長くなるが、現在のアパレル業界の問題を端的に示しているので、ここに引用したい。

需要が伸び悩む中で、秩序のない出店競争が繰り返されており、不採算店舗がアパレル企業の収益を圧迫するとともに、集客力の低下を招いている。オーバーストアの影響は、これまで衣料品の主要な販売ルートであった百貨店と量販店（ショッピングセンターを含む）に特に顕著に表れている。また、商品の供給過剰により、シーズン商品でありながら正価で売り切ることができず、バーゲンで価格を下げて販売されることが常態とな

り、それが原価率の低下＝品質の低下につながっているが、こうした業界の慣行が消費者による正価への不信感を招き、正価販売比率のさらなる低下、消費意欲の減退につながっているとも考えられる。

報告書ではさらに、コスト削減のためアパレル企業が商品企画をアウトソース化（外注）し、他社が作っていない独自性のある商品ではなく、無難な「流行もの」に偏っていることや、商品企画が外部から持ち込まれるためブランドの顔も見えなくなり、価格競争でしか消費者にアピールできない商品が増えていることにも踏み込んでいる。「結果として商品が陳腐化し、それが消費意欲の減退につながって、さらにコスト競争を招くという悪循環に陥っている」と指摘する。

週単位で新商品を企画しているファストファッションに対抗するためには、クリエイションン能力を高めて自らが流行を生み出すか、逆に素材や作り込みに重きを置いた定番品に注力するなど、製品の付加価値を高めていくことが求められる。デザイナーの有効活用が鍵となるが、「日本のデザイナーは、海外でそのクリエイション力を評価されているにも関わらず、『ものづくり力』『ビジネススキル』『資金調達力』がネックとなり、ビジネスとしてなかなか成長できていないシーンも多い。中堅・若手デザイナーの活用は、既存のアパレル企業のクリエイション力を高めるという観点からも、デザイナーズブランドから成長する新たなアパレル企業の創出という面でも、大きな課題である」と指摘。「残された時間は短い。2020年を目途として、取組を加速していく必要がある」と結ばれている。

消費者の感覚とずれたところで商品開発が続けられてきた結果、消費者が離れ、それをカバーするために大量生産をするものの、過剰供給でますます消費者が離れ、大量余剰が生じている――。報告書が指摘するその構図は、私の消費者としての生活感覚からも納得がいくものだ。

「上も下もユニクロで十分」

最近、デパートにあるようなブランドの服を買う機会は格段に減った。社会人になって十年以上経つと、ひととおり必要なものがそろっているという事情もあるが、それ以上に、わざわざ買いに行くだけの理由がないのだ。気がつけば、上も下もユニクロ、という日が少なくない。ユニクロについては、労働環境や環境への取り組みについて問題を指摘する声もあり、どう判断していいものか悩ましいのだが、消費者としてできあがった商品だけを見比べた時、シンプルでデザインも質もそこそこのラインをクリアし、値段も手頃で、コストパフォーマンスがよい商品であることは間違いない。

私が３年ほど前に買って愛用しているのが、ユニクロの紺色のドレープのテーパードパンツ。形も着心地も悪くないし、トップスを選ばず、仕事でも、カジュアルでも使える。季節を問わず週１～２回は登場するヘビーローテーションで、洗濯機で洗え、アイロンもいらず、色あせもしないので３年経っても全く問題なく着られる。定価でも３０００円弱だ。

このパンツを購入したのは、デパートのバーゲンで半額の６０００円ほどになった白のテーパードパンツを買った直後で、正直「しまった」と思った。遠慮なく洗えるという点でも、価格の点でも、ユニクロのパンツの方がありがたい。その後、別の色を買いたし、さらに同シリーズのワイドパンツが出た時は即座に買った。

こうした定番商品であれば、ユニクロで十分だな、と思う。なので、デパートではちょっと特別なものを、と思って足を運ぶが、どこも似たような品ばかり。質の面でも、ユニクロとさほどの差は感じられない。「こういうものがほしい」と目的を持って探しても、どこもその年の「トレンド」とされるものしか置いておらず、見当たらない。店員も「売れてますよ」「新しく入ったばかりですよ」と繰り返すばかり。「私」にとっては、自分の好みや手持ちの服と合うかどうか、どんな場面で着られるのかといったことが服選びのポイントだ。他の人が買っているとか、新商品であるとかはどうでもいいことなので、最初にそう言われると、会話を続ける気が失せてしまう。服選びのプロであるはずの店員さんに見立ててもらえばもっと似合うものが見つかる可能性も広がり、自分も損しているのかもしれないな、とも思いつつ、その場を逃げるように立ち去った後、家でネットで条件を打ち込み、いろんなブランドをはしごして見比べた上で、買い求めることが多くなってきた。

私は、ファッションにそこまでこだわるタイプではない。自分のセンスにも自信はないから、ほどほどの流行を取り入れて、おかしくない程度に装えればいい、というくらいの感覚だ。学生時代は倹約生活だったので、給料をもらうようになってある程度余裕ができてからも、染みついた貧乏性はどうにも抜けず、買うものはほとんどがバーゲン品。女性誌には、「2~3年もすればジーンズでもシルエットが変わるから更新を」、なんて書かれているし、確かに数年たつとどこかやぼったく感じるようになるけれど、数年着ても服なんて十分着られるし、かといって売ったり人にあげたりするにはくたびれているし、「みんなそうやってたまった服をどうしているのだろう?」と思う。最近は「断捨離」本を定期的に読んでテンションを上げ、着ない服は「えいや!」と捨てるなり、売るなりすることにしているが、捨てる時の罪悪感は耐えがたく、買う時も段々慎重になりつつある。適度に服を更新する手段として、最近は定額のレンタルにも手を出している。

ファッション業界の人は、私のような中途半端な消費者ではなく、もっとファッションに敏感で、自分がほしいものを追い求める人たちを思い描いて服を作っているのかもしれない。でも、私のように「周りから浮かない程度」を基準に考えている人も、意外と多いのではないだろうか。

かつては、「それなりに知られたブランドを身につける」ことが世の中のスタンダードであり、所有欲も満たしてくれた。でも、その価値観自体が共有されなくなってしまえば、わざわざ買う理由はなくなる。しかも、こうした「ブランド」を着ればおしゃれに見えるとか、着心地が抜群にいいのであれば別だが、実はユニクロのようなファストファッションと同じような原材料を使って作られていて、質は変わらない。購買欲を刺激するための策をいろいろ練っても、消費者は「自分にとって必要なもの」以外は買わなくなっているのだ。

柳井正が最も尊敬する女性

小島さんと同じく、経済産業省の研究会のメンバーだった尾原蓉子《ようこ》さんは、さらに別の視点から、アパレル業界での大量廃棄の問題を読み解いてくれた。

尾原さんは1962年、東京大学を卒業。女性の総合職採用がほとんどなかった時代で、働き続けるために公務員の道を選んだ女性が多かったが、尾原さんは「民間企業に入りたい」と旭化成に入社。そこで繊維事業に関わるようになる。フルブライト留学生として米国ファッション工科大学に留学し、そこで学んだ「ファッションビジネス」という言葉と仕組みを日本に紹介するなど、日本のファッションビジネスの草分けとして人材育成に関わってきた。

1980年代、尾原さんが開いたファッションビジネスの旭化成FITセミナーは、ユニクロの創業者、柳井正氏も継続的に受講しており、その後のユニクロの創業と発展につながった。柳井氏は尾原さんのことを「最も尊敬する女性」と評しているといわれる。

尾原さんは、大量廃棄の問題の背景に、日本のアパレル業界の仕組みが非常に複雑で、変革が遅れてきたことがある、と指摘した。

「日本では、明治時代から繊維産業が国策として発展したので、アパレル業界にも戦前にできた仕組みがそのまま残っています。服を企画するアパレルメーカーと呼ばれる企業と、実際に作る工場の間に、いくつもの商社や問屋が介在し、プロセスが非常に長い。このため、その全貌を把握している人が少なく、手形や歩引《ぶび》きなど古い商慣習も根強く、変革をしようにもなかなか手が付けられない。世界的なＩｏＴの波にも取り残される状態が続いてきた」と話す。

それでも、１９８０年代までは、アパレル業界には勢いがあった。70年代のオイルショックの時も、アパレル産業だけは2桁成長を続けた。それを支えていたのは、高度成長で貧しい生活から脱しつつあった消費者だ。その源泉は、ある種の「見栄」だったと、尾原さんはいう。

「日本が豊かになりつつある時代、当時文化住宅と呼ばれた狭い木造アパートに住んでいても、服にある程度のお金をかけ、おしゃれをできることは、人々の喜びだった。だから、ブランド品が売れた。私はこれを『見栄消費』と呼んでいます。

ただ、百貨店と大手アパレル業界が連携し、アパレルビジネスが躍進した１９７０〜80年代は、ある意味では『失われた20年』でもあったと感じます。当時は、ラルフローレンのような海外のブランドに高いロイヤリティを払ってライセンス契約を結び、有名ブランドのロゴを付けることが重視された。それで人々が服を買ったからです。でもその時代は、売り上げは伸びたが自社の創造力や自社デザイナーを育てることをしないまま、終わってしまった。

本当の意味でブランドを育てることがなされず、皮相的なビジネスがはびこるようになってしまったと考えています」

消費者の変化に気づかないアパレルメーカー

そのころ、ファッションビジネスのど真ん中にいた尾原さんは「私自身も、それを助長してしまったのでは、という反省をずっと抱いていました」と率直な思いを語ってくれた。

ところが、２０００年代に入ると、人々の価値観は大きく変わっていった。２００１年の米国の同時多発テロ、２００８年のリーマンショック、２０１１年の東日本大震災。日本国内でも、世界的にも、格差の問題が深刻になり、人々はものをたくさん持つことをよしとする価値観に疑問を持つようになった。ブランドもののバッグ、つまり「人にどう見せるか」で自分を満たすのではなく、「私は私」という価値観を持つ人が増えていった。たとえば、Tシャツ１枚を作るのにも大量の水が使われて環境破壊につながっていたり、安い服を作っている舞台裏では過酷な労働を強いられている人がいたり。そういうことへの関心も高まっていった。尾原さんはその変化を、「消費者が成熟してきた」「個人の欲望だけでなく、社会や自然環境と共生する意識の目覚め」と評した。

ところが、アパレルメーカーではこうした消費者の意識の変化への対応が遅れた。女性のリーダーの第一人者でもある尾原さんは、その理由の一つとして「昔ながらの発想を続ける男性の管理職が意思決定をしていること」を挙げた。

「女性だと、数字を見るだけではなく自分の感性で『これはいい』と動く人が多いので、消費者のニーズをすくい取れるのですが、そういう提案が幹部になかなか採用されないんです。男性は数字と過去の実績を重視していて、『有名かどうか』、『他社も注目しているかどうか』を重視する。百貨店にも、聞いたこともない海外のブランドも入っていますが、そこで働く店員たちが、お店や商品の『売り』すら説明できない状態が多々あります。作り手も、『うちでなければできない商品』を自信をもって作っているかといえば、そうとはいえない。

技術革新も本当に遅れています。デジタル化が急速に世界で進む時代に、日本の地方問屋や製造現場では、いまだに電話やファックスがコミュニケーションの主要手段だというところもあります。これでは、日々動いていく世界で生き残ることはできません」

こうした危機感から、現場で女性のリーダーを育てようと、尾原さんは２０１４年、ファッション関連分野で働く女性の活躍支援団体「一般社団法人　ウィメンズ・エンパワメント・イン・ファッション」を設立。２０１６年には、ファッション産業の未来への展望を拓くため、『Fashion Business 創造する未来』（繊研新聞社）を執筆出版した。

「世界では日本、特に日本の生活者への注目はまだまだ高いのです。ユニクロが世界で受けいれられているのも、『日本の消費者は品質とコストパフォーマンスにシビアだから、日本人が買うならいいに違いない』という信頼があるからです。

大量廃棄の問題にしても、リサイクルできていればそれでいいというのではなく、余分なものをなるべく作らない仕組みが必要です。途上国の労働環境の問題もある。工場で働く人にとっても、地球環境にとっても、ビジネス倫理から見ても、ウィンウィンの仕組みは不可能ではないはずです。それをどうやったら実現できるのか、日本のアパレル企業も真剣に考えなければならない時期に来ていると思います。

そもそも日本には、古くから資源を無駄にしない『もったいない』という考え方がありました。そのDNAを学び直し、サステナブル（持続可能）なアパレルや消費財で世界をリードすべきだと考えています」

アパレル業界に限らず、日本の大企業では変革が遅れて業績が伸び悩んでいるといわれ、その原因として多様性がない、異なる視点がぶつかり合い刺激し合って革新が起こることがない、などと指摘されてきた。男女雇用機会均等法などなかった時代、2人の息子を育てながら大企業で業績を残してきた尾原さんの言葉は、非常に説得力のあるものだった。

誰も原価を知らなかった

そのアパレル業界の過剰在庫の問題について２０１９年2月、ある人物の問題提起が話題を呼んだ。国内最大のファッション通販サイト「ＺＯＺＯＴＯＷＮ」を運営する「ＺＯＺＯ」の前澤友作社長だ。ツイッターで、こんなことをつぶやいた。

在庫は持ちすぎるな、って親父が昔よく言ってたなぁ。（2月5日）

過剰在庫・過剰値引き・廃棄ロスなどの現状のアパレル業界の課題は、AIによる需要予測と物流最適化、ダイナミックプライシング、超短納期のオンデマンド生産システム、1億総オーダーメイド化、積極的なリサイクルの仕組み、資源の再利用、などなどで着実に解決していきたいと思っています。（2月6日）

アパレル各社の商品を一つのサイトで注文できる便利さで、業績を伸ばしてきたＺＯＺＯ。

約7千のブランドを抱え、年間の購入者は700万人にのぼるという。2018年3月期の商品取扱高は2629億円に達した。

だが、2018年末に導入した新しいサービス「ZOZOARIGATO　メンバーシップ」が波紋を呼び、一部の会社が撤退の動きを見せていた。このサービスは、月500円を払って会員になると、一部を除いた商品が常に購入金額から10%割り引かれる仕組み。メーカー側からすると、常に割引きをされると正価で売れなくなる可能性がある。オンワードホールディングスや、宝飾品大手のヨンドシーホールディングスなどが出品を取りやめた。鳴り物入りで売り出した採寸専用のボディスーツ「ZOZOSUIT」を軸にしたプライベートブランド事業もつまずき、2019年3月期は通期業績予想を大幅に下方修正し、株価にも影響が出ていた。

前述のツイートは、そうした動きが「ZOZO離れ」などと報じられていたさなかのことだった。前澤社長は、一連のツイートの途中、こんな問いかけもしている。

いまお店で約1万円くらいで売られている洋服の原価がだいたい2000~3000円くらいだということを、皆さんはご存知ですか?

アパレル業者が不当に利益を得ているとも取れる内容だっただけに波紋は大きく、後にツイートを削除。その後、「本業に専念します」とツイッター休業を宣言した。

前澤社長は、芸能人との交際や月旅行計画など派手な話題で知られ、ツイッターやメディアでの言動で注目を集めることで、広告塔の役割も果たしてきた。アートのコレクターとしても知られ、２０１７年には米国人画家、バスキアの絵を１２３億円で落札。２０１９年の年始には、自身のツイッターをフォローしてリツイートした人の中から、１００人に１００万円をプレゼントすると打ち出し、リツイートの世界記録を更新した。

私はたまたま、前澤社長の「お年玉」問題についての反応を取材し、記事にまとめたばかりだった。「お年玉」への批判としては、「下品」「フォロワーを金で買っている」といった内容だけではなく、ＺＯＺＯの労働環境への批判も少なからずあった。あれだけ大規模な通販サイトを運営するには、巨大な倉庫や配送を担う労働者が必要で、こうした業務を担うのは、非正規雇用の人たちだ。１億円もの私財を「大盤振る舞い」する前に、利益を賃金という形で労働者に還元することが必要なのではないか、というのが批判の内容だった。

過剰在庫や廃棄ロスといった、業界の「タブー」を経営者自らオープンにできたのは、異端児ともいえる前澤社長だからこそだろう。一部が撤退を始めたとはいえ、アパレル業界に幅広い影響力を持ち、イノベーションを起こし続けてきたZOZOが真剣に取り組めば、大量廃棄の問題解決への道筋も見えてくるかもしれないとは思う。

ただ、これまでも話題作り先行の感があった前澤社長の発言がどこまで本気なのか、現時点で見極めるのは難しい。さらにいえば、大量廃棄の問題に切り込んでいくなら、自社の利益をどう分配していくのか、という点も同時に問われる。環境問題も労働問題も、密接に関連しあっており、一つの問題だけフォーカスしても、全体の解決に導くことは難しいからだ。

ZOZOTOWN開設から十年余りでZOZOをここまでの大企業に成長させた前澤社長は、鋭い嗅覚と経営感覚を持ち合わせた人物であることは間違いない。消費者の意向には敏感なはずだ。ZOZOがどういう方向に行くのかは、私たちが何を求めていくかにも左右されるだろう。

第2章

アパレル〝生産現場〟残酷物語

1　すべてはバーバリーからはじまった

文・藤田さつき

バーバリー41億円分、H&M12トン

２０１８年７月下旬、日本でも人気があるイギリス高級ブランド「バーバリー」が売れ残った新品の服や香水などを大量に焼却していたというニュースが、世界中を駆け巡った。仲村和代記者と私（藤田）が、「捨てられる新品の服　年10億点」という新聞記事を書いた半月後のことだ。

バーバリーはその直前に公表した年次報告書に、「２０１７年度に焼却処分をした売れ残りの商品は、２８６０万ポンド（約41億８千万円）相当」と記載していた。２００ページにも及ぶ報告書のなかで、商品廃棄に関する記述はほんの少し。しかし英国メディアがそれを目ざとく見つけて報道したのだ。

BBCによると、焼却処分は「ブランド保護」のため実施され、過去5年間に約130億円相当にものぼったという。

その後、国内外の多くのメディアがこのニュースを取り上げ、大きな話題になった。売れ残った服の大量廃棄に関しては、2017年の秋にデンマークのテレビ局が調査報道によるニュースを放送したことがあった。スウェーデン発のファストファッション大手「H&M」が、毎年12トンの新品衣料をデンマークの焼却施設で処分していたというものだ。

この時も、北欧を中心に話題にはなった。しかし「H&M」は、「カビが生えるなど健康や安全面に問題があった商品だ」と説明していたという（取材したテレビ局は、廃棄された衣類の現物を調査したが、細菌などは発見されなかったとしている）。バーバリーのように、アパレル企業が売れ残りを廃棄していると正面から認めるようなことは、それまで聞いたことがなかった。

だからバーバリーのニュースを耳にした時は、「やはりそうだったか」と思った。売れ残った服の大量廃棄は局所的な問題じゃない、グローバルに広がったアパレル産業の構造と消費のあり方の問題だ。日本のアパレルの現場を取材して私たちが立てたこんな仮説は、間違っていなかったのだと思った。記事のタイミングもほぼ同時期で、世界各地で問題意識が高まっていることを感じた。

自己矛盾した釈明

一方で驚いたのは、報道に対するバーバリーの言い分だ。

「環境に配慮して、焼却エネルギーは再利用されている」

「処分の必要がある場合は責任をもって処分している」

しかし、新品の服を大量に焼却しても、その熱で発電したりすれば、結果的に「環境に優しい」ことになるのだろうか？「責任をもって処分」とはどういうことだろう？そもそも過剰な生産の末に出てしまった売れ残りを処分することは、責任のある行為なんだろうか？


このような自己矛盾した釈明で社会が納得するとバーバリーが考えたのだとしたら、グローバル企業に求められるようになった社会的責任について認識が甘かったと言わざるを得ない。

はたしてその後、バーバリーは厳しい批判を浴びた。その結果、早くもひと月後の9月初めに、バーバリーは今後の焼却処分の即時中止を発表した。同時に、リユースや修理、寄付の取り組みをさらに広げ、生産過程で出る皮革の切れ端を使った製品作りや持続可能な新素材の研究開発にも取り組み、動物愛護団体から抗議を受けてきた毛皮の利用もやめると表明した。

「現代のラグジュアリーとは、社会や環境に責任を持つことを意味する。この信念はバーバリーの核であり、長期的な成功の鍵だ」

マルコ・ゴベッティＣＥＯは、この発表のなかでここまで踏み込んでコメントした。

焼却処分の発覚と、それに対する社会の批判を受け、バーバリーは一気に舵を切ったのだ。売れ残りの廃棄が世界で大きなニュースになり、結果的にはいい方向へ動いたかもしれない。

数年前から抗議活動が盛んになっている毛皮の利用に関しては、グッチやアルマーニなど多くの有名ブランドが使わない方針を公表するようになっている。同じように、バーバリー問題を機に、多くのブランドやアパレルメーカーで行われているであろう売れ残りの廃棄が中止され、過剰な在庫に依存するようなビジネスモデルを見直す動きが広がればいいと思う。

生産現場の過酷な実態

環境保護団体グリーンピースで、衣料品製造が環境に与える影響を考える「デトックス・

マイ・ファッション」というキャンペーンを中心的に進めるキルステン・ブロッドさんは、バーバリーの焼却処分が発覚した際、こう批判するツイートをした。

「値段の高さに反して、バーバリーは自社商品と、その製造のために費やされた厳しい労働と天然資源にまったく敬意を払っていない」

前章で、ファッションコンサルタントの小島健輔さんと「ウィメンズ・エンパワメント・イン・ファッション」会長の尾原蓉子さんが指摘したように、洋服が大量廃棄される背景には、先進国で低価格の服が大量に消費される現状と、それを支えるために生産現場で行われてきた過酷な労働の実態がある。

この章では、生産現場のルポなどから、アパレル産業における労働の問題を考えてみたい。

2　アパレル産地で働く技能実習生たち

文・藤田さつき

尾州産地にて

愛知県と岐阜県にまたがる名岐《めいぎ》地区一帯は、国内を代表するアパレル産地だ。「尾州《びしゅう》産地」とも呼ばれるこの一帯は古くから綿栽培がさかんで、近代以降は毛織物の一大産地になった。戦後は、アパレルメーカーから衣料品製造の下請けの仕事を受注して、裁断・縫製を行う縫製加工業が発展した。

しかしバブル崩壊を機に、アパレルの生産拠点は安い人件費を追い求めて海外へ流出していった。グローバル規模で進む衣料品の低価格化と厳しい競争を生き残るためだ。2000年代には、GAPやZARAといったファストファッションの人気も広がった。先進国の市場へ安価な服を供給し続けるため、中国からベトナム、そしてバングラデシュへ、人件費のより安いところへと流れていく労働力の移転はいまも止まらない。

洋服が大量廃棄される構造の全体像をつかむためには、こうした生産の現場を取材しなくてはならないと私たちは考えた。服を安く製造するために、そのしわ寄せは必ず生産者に及んでいると推測したためだ。

では、どこの現場を取材すべきだろうか。中国、あるいはバングラデシュ？　そんな時、日本の技能実習生の制度を取材したことがある先輩記者が「多くの実習生が国内のアパレル産業でも働いていて、色々な問題が起きているらしい。裁判にもなっているようだ」と教えてくれた。

技能実習生は近年、中国や東南アジアから数多く来日し、主に製造現場で働いている。調べてみると、名岐地区のアパレル産業でたくさんの技能実習生を受け入れていることが分かった。海外製品との価格競争のあおりを受けて、多くの縫製工場が廃業したこの地区ではいま、残った零細経営の工場現場は技能実習生たちによって支えられているのだ。

遠い海外の途上国で起きている問題であれば、見ないふり、知らないふりもできるかもしれない。しかし日本国内のすぐそこの街で、誰かが私たちの服を縫うために、過酷な労働を強いられているのだとしたら――。

「食べ物も買えないとたくさん泣いた」

２０１８年３月、愛知県内のターミナル駅にある喫茶店で、私（藤田）は２人のベトナム出身の技能実習生の女性に会った。彼女たちは片言の日本語で、来日後に直面した過酷な日々について一生懸命話してくれた。

アンさん（仮名）は、ホーチミン出身の32歳の女性だった。２０１５年秋に来日し、取材時には愛知県内の縫製工場で働いていた。

彼女はベトナムでは、テレビなどで見る京都の風景に憧れ、子どもの時から日本に行って働くのが夢だったという。

近年、ベトナムの都市部には実習生を派遣する斡旋《あっせん》業者が軒を連ねるようになった。ベトナムから日本へ行く技能実習生が急増したためだ。そうした斡旋業者のなかには、日本人が代表を務めるところも多い。アンさんが訪れたのも、そんな業者だった。彼女が見せてくれた代表者の名刺には、「スズキ」という日本人の男性の名前が印刷されていた。

「７５００ドル（約90万円）必要だ」

業者からアンさんはそう言われた。日本でも十分、高額の費用だ。渡航費や日本語教育費に加え、「保証金」も含まれていると説明されたという。

「保証金」とは、実習生が実習期間中に逃亡することを防ぎ、文句を言わずに働かせるため、斡旋業者などが実習生から来日前に徴収するお金だ。日本円で数十万円相当のケースが多いという。実習期間が満了すれば返金されるが、途中で逃げたりすれば没収されてしまう。私はその話を初めて聞いた時、まるで人身売買のように実習生を縛るやり方に耳を疑った。日本政府は送り出し業者が実習生から保証金を取ることを認めていないものの、まだまだ多くの業者が保証金を求めているのが実態だ。

アンさんが請求された斡旋費用の額は、ベトナムにおいてほぼ相場だった。彼女は家族の貯金を切り崩したほか、銀行で借金をしてなんとか揃えたという。「給料の高い日本で働けば、すぐ返せるだろう」と思っていたからだ。

だが日本での実習は、想像していたものと全く違った。

最初にアンさんが派遣されたのは、日本人の社長以外はベトナム人と中国人の実習生８人が主に現場を担う、小さな縫製工場だった。岐阜の実習生受け入れ団体に紹介されたという。ワンピースやジャケット、Ｔシャツ、スカートなどのレディース服ばかり、ロックミシンで縫い続ける。表向きの勤務時間は8時から午後5時までで、休憩は昼1時間、午後3時に30分間。ずっと座ったまま細かい作業を続けると、夕方には腰と頭が痛くなってぐったり疲れた。だが実態は、社長から「明日納品しなきゃならない。残業して」と急《せ》かされ、午後6時からわずか30分間の夕食時間を挟んで、ほぼ毎晩残業をした。

アンさんはノートに毎日の勤務時間を記録していた。見せてもらうと、多くが「7時45分～22時30分」。休日を数えると、月平均2、3日しかない。

しかも、賃金の支払いは滞りがちだった。

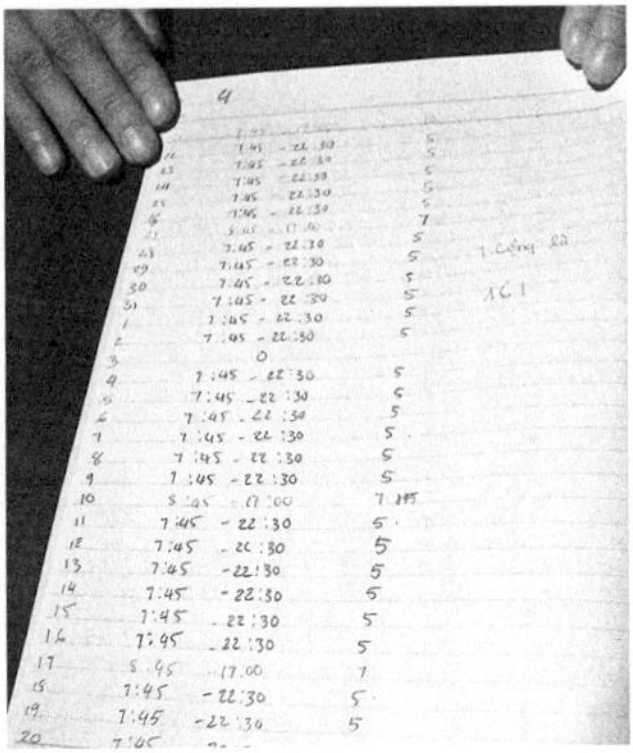
アンさんのノート

「9月6万、4万、10月8万、11月11万、2月10万……」

ノートの別のページに書かれていた賃金の記録に、衝撃を受けた。

来日したばかりの9月は受け入れ団体での研修期間で、賃金は団体が支払ったという。会社が支給したのは10月からだ。ひと月目は8万、2カ月目は11万とあるが、その後は2カ月続けて支払われていない。ようやく2月に10万円を支給していた。

ほぼ毎日15時間も働き続けて、この金額だ。時給に単純換算すると240円足らず。賃金が支払われた月でも、あまりに少なすぎる。契約書にはその地域の当時の最低賃金とほぼ同額の時給が明記されていたが、それはまったく守られていなかった。

アンさんたち実習生には、食事は提供されていなかった。渡された賃金の中から週末に1週間分まとめて自分で食材を買い、料理をして食べていたという。会社から支給されたのは米だけだった。ほどなくして、生活費も底をついた。

「これじゃあ食べ物を買えないとたくさん泣いたら、社長がやっと10万円くれた」

アンさんは来日するために銀行で借りた借金を返すため、毎月仕送りすることを母親と約束していた。だがこんな状況では、とても無理だった。

「給料をもらえないと言っても、お母さんは信じてくれなかった。つらかった」

当時のことを思い出して涙を流すアンさんを見て、私は胸が苦しくなった。

アンさんが働き始めてから約2年後、その工場は倒産した。

生活場所は電気のないプレハブ

アンさんが来日した翌年に日本へ来たチャウさん（仮名）。ホーチミン出身の23歳の女性だった。

「ベトナムで働いても、もらえるお金は少ない。私、若い。お母さんを世話できる大人になるため、日本に来た。日本の技術を勉強して、ベトナムで自分の会社を作りたい」

生き生きと話す彼女だったが、アンさんと同じく厳しい技能実習を強いられていた。派遣された工場は立て続けに倒産。その時すでに、3カ所目の工場で働いていた。

技能実習の対象業種は省令で定められ、例えば「アイロンのプレス作業」のみを行わせることは認められていない。技能実習制度は「技術の習得」を目的としており、技術がなくてもできる単純作業だけを実習生にさせることは禁じているためだ。しかし、チャウさんが派遣された最初の2カ所の工場はいずれも「プレス工場」だった。仕事内容は、服にアイロンがけをした後、梱包して国内各地へ発送すること。チャウさんは制度のことを知らず、教えてくれる人もおらず、二つのプレス工場で通算1年3カ月働いていた。

働き始めて約1年で倒産したプレス工場は、毎月7万円の賃金の支払いは滞りなかった

（ただ寮費や光熱費が高額で、残業代を含めても手取りは約5万円だった）。2カ所目は、給料は1円も払われなかったうえに、生活する場所は水も電気も通っていないプレハブ小屋だった。雨漏りもひどかった。3カ月後、社長はいなくなり、工場は倒産した。

受け入れ団体は、チャウさんに帰国を勧めたという。

「でも、決められた期間（当時は3年間。2017年11月から最長5年間に延長された）はまだ長く残っていた。借金もたくさんあったし、日本でもっと働かないと返せないから、いやだった」

2人は2017年秋、技能実習生の支援をしている名古屋市の労働組合「愛知県労働組合総連合（愛労連）」へ助けを求めた。愛労連が入管や労働基準監督署との間に入り、2人は別の工場で働き始めることができた。労働条件や業務内容も改善したという。

「でも、もう残りの時間が少ない。このままじゃ来日のための借金も返せない。心配です」

私にそう話して、アンさんは涙をこぼした。

倒産した工場の未払い賃金は、依然払われていなかった。私が話を聞いた時、アンさんに残された滞在期間はもう数カ月だった。

2018年7月、アンさんについての記事を掲載する前、愛労連に彼女の近況を尋ねた。

「実は体調を崩してしまい、前倒しでベトナムに帰ることになったんですよ。未払い賃金については政府に立て替え払いの申し立てをしていて、なんとかベトナムへ送金してあげたいと思っているんですが」

アンさん本人には連絡が取れず、愛労連で支援活動をしている榑松《くれまつ》佐一さんが教えてくれた。

私は取材の時に、アンさんが語っていた言葉が忘れられない。

「日本人にもベトナム人にも、いい人も悪い人もいる。だから日本でこんな目に遭ったのは寂しいけど、日本が嫌いにはならない」

話を聞いた喫茶店の代金を「私たちも飲んだから」と言って私に支払わせようとしなかったアンさん。名古屋市内で再会した時には、「お土産です」と言ってベトナムのお菓子やコーヒーを持ってきてくれた。それぞれに希望を抱いて日本へ来た、義理堅く優しい彼女たちを思うと、なぜこのような理不尽な目に遭わなければならなかったのか悔しくてならない。

「悪者は雇い主」でいいのか

技能実習制度は1993年に始まった。「途上国への技能移転」を目的に掲げるが、実態は「割安な労働力の確保のため」と指摘される。

「もともとこの制度は、まさに岐阜のアパレル縫製業者のための救済措置で作られた制度だと言われています」

愛労連の榑松さんは話す。

日本のアパレル産業においては、アパレルメーカーや商社が服の企画・デザインをして、生産は外部の工場へ発注するという形態が一般的だった。下請けをする生産現場は裁断、縫製、穴かがり、プレス、検品など工程ごとに細かく分業され、各工程を多くは家族経営の零細な業者が担ってきた。

榑松さんによると、アパレルが生産拠点を次々と海外へ移していくなかでこうした零細業者が存続できるように、「研修」という名目で安く外国人の労働力を確保できるこの技能実習制度が始まったのだという。アンさんたち実習生の派遣先に零細経営の工場が多く、倒産や廃業が頻発しているのは、もともと制度がそうした業者を念頭に始まったからと言えよう。

このような経営の極めて不安定な工場が、海外からやって来た実習生へ技術を教え、彼らの日々の暮らしを保障できるとはとても思えない。制度が掲げる「実習生への技術移転」をきちんと進めようと思えば、経営基盤が安定した工場に実習生を委ね、彼らの労働環境を守る

図表2-1　法務省入国管理局が「不正行為」を認定した技能実習生受け入れ機関数

アパレル関係が過半数を占める

	2015年	2016年	2017年
繊維・衣服関係	94	61	94
農業・漁業関係	67	67	39
食品製造関係	19	13	15
建設関係	20	38	14
機械・金属関係	10	14	9
その他	28	9	12
計	238	202	183

出所）法務省

透明性や監視体制を確保することは最低条件だ。

法務省の統計によると、日本に在留する実習生は2018年6月時点で約28万6000人と年々増加している。愛知は全国1位、岐阜も6位と多い。出身国はずっと中国が最多だったが、2016年にベトナムが逆転した。カンボジアやミャンマーも急増している。中国における人件費の上昇の影響を受けたのだ。

ただ、アンさんとチャウさんの話で明らかなように、技能実習制度のひずみは大きく、不正行為も横行している。特に、約2万6000人の実習生が働く縫製業でそれは目立つ。

経済産業省が設置した協議会が2018年6月に取りまとめた報告書によると、入国管理局が２０１７年に「不正行為」を認定した１８３業者のうち、繊維産業が94を占め、そのほとんどが縫製業者だったという。認定した主な法令違反は、最低賃金違反や賃金不払い、違法な時間外労働だ。

報告書は、繊維産業で働く技能実習生の８割が縫製業に集中しているとも指摘している。まさにアパレル縫製業には、様々な要因が複雑に絡み合った構造的な問題があるのだ。報告書ではこう分析している。

縫製等の受注企業においては、発注企業が提示する安価な工賃を受け入れざるを得ない状況にあること、または低賃金の技能実習生の活用を前提に安価な工賃で受注していること、更には、そもそも適正な工賃が分からないまま安価な工賃で受注していること等により、発注工賃が技能実習生、更には日本人従業員の適正な賃金や労働環境等を確保するには低すぎる水準となっている。（中略）技能実習の問題にとどまらず、より根本的には、商慣習の問題として、発注工賃の適正化が必要であると考えられる。

ここに書かれているように、実習生たちの過酷な労働環境は、その雇い主である縫製業者が「悪者だから」または「低賃金で長時間働かせて、甘い汁を吸っているから」といった単純な問題ではないのである。

愛労連の榑松さんは、経済産業省が２０１７年に実施した「繊維業界における下請取引実態調査」の結果を見せてくれた。「最低賃金が引き上げられた際、工賃も上がったか」という質問については、縫製業の約65パーセントが「引き上げてもらえなかった」と回答している。これが岐阜県内では7割近かった。理由として目立つのは「値上げを協議すると仕事を切られるリスクがある」というものだった。

「なぜ縫製業者が実習生たちに対して最低賃金違反をしてしまうのか。それは、アパレルメーカーから支払われる下請けの工賃が低く抑えられているからです。縫製業者はメーカーの言い値で受注せざるを得ないのです」

榑松さんは教えてくれた。

「アパレルの生産現場の問題は、技能実習生の話を聞くだけでは正確に見えてこない。彼らを雇う縫製業者も取材する必要があると思いますよ」

圧倒的弱者

榑松さんの助言を受けて探したところ、匿名を条件に取材を受けてくれるという名岐地区の縫製工場が見つかった。

2018年4月末、映像記者とともに私はその縫製工場を取材させてもらった。

約40平方メートルほどの平屋建ての小さな工場の引き戸を開けると、音量をしぼったラジオを背景に、カタカタカタカタカタ……と断続的に鳴る複数のミシンの音が重なり合って聞こえてきた。

中国出身の技能実習生の女性数人がメンズパンツを縫っていた。型紙に貼られた指示書を見ながら、黙々と作業を続けている。1日あたり1人4、5本を完成させるペースで縫製する。メーカーから支払われる工賃単価は、店頭価格の5パーセントほどだという。

前年に、この工場は労働基準監督署から最低賃金違反を指摘された。当時、実習生に払っていた賃金は時給換算で約400円。繁忙期には残業は月200時間に及んだが、残業代も時給約700円程度だった。

「服の価格が安くなり、メーカーが要求してくる工賃もどんどん下がった。その工賃で製造するには、最低賃金割れが常態化していた技能実習生で回さないと無理だった。この賃金水準では、とても日本人の労働者は確保できないんです」

工場を営む男性は明かした。

男性は、半世紀前に創業された縫製工場の3代目だ。

父親の代には約50人の日本人を雇って、男性用スラックスを機械で大量生産していた。周囲には同様の縫製業者も20社以上あって、地場産業として賑わっていたという。

だがバブル崩壊後、メーカーの発注はどんどん中国へ移り、仕事は激減した。

「以前やっていた単純なスラックスはラインで効率良く作れて、利益も良かった。でもそういうシンプルな衣料品は、日本と比べものにならないくらい大ロットで量産する海外の工場の方が、工賃がずっと安いんですよ」

国内には、作業工程が多くロットの小さい商品の製造が残ったが、その工賃もメーカーは次第に引き下げるようになったという。

「メーカーにその単価では無理と言うと、すぐ仕事を切られてしまう。この地域の縫製工場は家族経営の零細業者ばかり。仕事を発注してくるメーカーに比べれば圧倒的に弱者なんです。仕事が欲しければ、メーカーが求める低い工賃や短い納期をのむしかない。そして自分の工場が生き残るために、同業同士で仕事を奪い合い、工賃も下げていくしかなかった」

こうして同業者は次々に廃業していった。いまや周囲には数少ない工場しか残っていない。男性の工場も、従業員を大幅に減らさざるを得なくなった。

「プロなんだからできるだろう」

そんななかで、技能実習生を雇うようになったのだという。

時給800円程度の最低賃金を割っても、実習生たちの出身国に比べれば給料は高い。それに支払った賃金は最低賃金より低いとはいえ、中国にある実習生の送り出し機関と契約したとおりの額だったという。工場では受注する工賃の単価が下がった分、数をこなそうとして残業が増え、実習生たちは深夜1、2時まで働いた。求められた納期に間に合わせるため、徹夜に近い日もあった。

「彼女たちが日本にいるのは3年間という期間限定。日本で稼ぐため、実習生だって長時間働くことを望んでいたのです。実は、その日に何時まで働くかは彼女たちが決めていました。でも逆に言えば、そんな実習生たちに甘えてこんなやり方を続けてきてしまった」

男性は労働基準監督署に見つかったらどうしようと、いつも恐れていたという。違法ではない賃金を払いたくて、メーカーの仕事を振ってくるブローカーへ値上げを頼んだこともあった。だが「なぜおたくだけ高くする？　みんなこちらの言う額、言う納期でやっているよ。プロなんだからできるだろう」と突っぱねられた。

そして、労働基準監督署の立ち入り調査が入った。実習生たちの話を聞いた名岐地区の中国人実習生向けの労働団体が、ひそかに動いていたようだった。

ファストファッションで時代が変わった

男性は、技能実習制度に疑問も抱えている。

「実習生を受け入れると、受け入れ団体の会費のほか資格試験やビザの費用などがかかる。実は日本人よりも高くつくぐらいです。なのに数年限定という足かせがあり、日本語力や最低限の技能を持たずに来日する子もいる。これでは育てようという気持ちは持てないのが正直なところです。外国人をきちんと労働力として認めて個別に契約し、技術を伸ばして長く働いてもらえれば、それなりに高い給料も払えるのに」

男性はいま事業の建て直しに向けて、抜本的に仕事のやり方を見直している。

実習生の賃金や勤務時間は合法の範囲内になるよう改善した。一方で、以前は長時間になる代わりに仕事中のおしゃべりや休憩などは大目に見ていたが、勤務時間内は仕事に集中して効率を高めてもらうようにしたという。

工賃についても、発注量が少なく比較的作業が複雑でも、単価が高めの仕事を受けるようにした。父親の代にやっていたスラックスの工賃が1着約1000円、その後に手がけるようになった小ロットのカジュアルパンツは1着1500円程度だったが、最近はできるだけ3000円程度の単価の仕事を受けるようにしている。

こうした工賃で発注してくれるのは、日本人デザイナーなどのハイファッションブランドだ。工賃は1着2800円から3500円にのぼるものもある。仕上げるのに手間と時間がかかっても、単価が高い分だけ採算を取りやすいのだ。

「こういう服は、値段が高くても品質や作りに納得した人が買ってくれる。国産ということも利点として考えてくれる。これを機に工場がきちんとした形に立ち直り、この地域でも悪いやり方が淘汰されればいいと思います」

服の値段が安くなっていることについても、男性に尋ねてみた。

「ファストファッションの登場で、時代ががらりと変わってしまったと思います。以前は、服の値段がそれなりに高くてもみんなそういうものだと思っていて、作りがしっかりしていれば売れた。でもいまはまず値段ありき。上代《じょうだい》（商品の値段）が安くないと、売れない。そして、当然のように工賃を1円でも安くしろと言ってくるメーカーが増えた」

メーカーの担当者が工場を訪れることはこれまでほとんどなかったという。ただ男性は数年前、納品先の東京のアパレル企業を訪ねたことがある。広く快適そうなオフィスに、華やかなショップ。「これが同じ業界か」と目を疑った。

「メーカーの人は、製造現場をあえて見ようとしなかったのか、単に無関心だったのか。でもメーカーも消費者も、もの作りにどれだけのコストがかかるのか考えてみてほしい。服の値段が安くなる陰で、誰かが泣いているんです」

「生身の人」か「労働力」か

技能実習生たちの劣悪な労働環境は、２０１７年ごろからさかんに報道されるようになった。国も重い腰を上げ、その年11月には技能実習適正化法を施行して、実習生を雇う企業を監督する「外国人技能実習機構」を立ち上げ、違反行為が見つかれば実習計画の認定取り消しや受け入れ禁止とする制度を作った。だがその一方で国は、日本で深刻化している人材不足を埋めるため、事実上、単純労働に従事させることにつながる可能性のある外国人労働者の新しい在留資格「特定技能」の制度も19年4月に始めた。技能実習が終わった後にこの新在留資格へ移行することもでき、当初は約半数が技能実習からの移行者とみられている。だが新在留資格では技能実習と合わせて最長10年の就労期間中、家族を呼び寄せることも将来移住する可能性も基本的に認められていない。期間限定の「雇用の調整弁」にとどまるのだ。

アパレル産業で働く外国人労働者や末端に位置する縫製業者らに対するこのような待遇を目の当たりにすると、服作りの担い手たちを「生活も将来もある生身の人」としてではなく、「労働力」としてしかとらえない冷たいまなざしを感じてしまう。

ただ、こうした構造ができあがってしまったのは、日本の制度やアパレル産業の商慣習だけに非があるのではない。縫製工場を営む男性が「服の値段が安くなる陰で誰かが泣いている」と語ったように、安い値段の服を享受する消費者もまた、結果的にこの構造を利用していると言えるからだ。

まずは私たち消費者一人ひとりが、こうした状況に目を向ける必要があるのではないだろうか。

3　〝世界の縫製工場〟の労働環境

文・仲村和代

バングラデシュ、経済成長の光と影

藤田さつき記者が前項で取り上げたように、服が安くなった結果、日本国内の工場は経営が成り立たなくなり、生産拠点は海外へと移っていった。だが、途上国の生活費が日本と比べて安いとはいえ、安い賃金で働く労働者が「仕事をもらえてハッピー」な状況になっているわけではない。それを象徴するできごとが、「はじめに」で紹介したバングラデシュの縫製工場の崩壊事故だ。8階建てのビル「ラナプラザ」が倒壊し、千人を超す犠牲者が出た。

「ラナプラザの事故の話を聞いたとき、現地のことを知る関係者の多くが口にしたのは、『まさか』ではなく、『やっぱり』という言葉でした」

フェアトレード商品を扱う「ピープルツリー」を運営する「フェアトレードカンパニー」

の広報、鈴木啓美さんは話す。ピープルツリーは、フェアトレード専門のブランドで、バングラデシュをはじめ、多くの途上国のフェアトレード団体とつながりがある。

なぜ「やっぱり」なのか。

1971年にパキスタンから独立したバングラデシュは、人口約1億6千万人。世界銀行によると、人口の約15パーセントが、1日1・9ドル未満で暮らす貧困層だ（2016年）。縫製業は、バングラデシュの主要産業の一つ。1980年代ごろから発展し、世界的なアパレルメーカーの生産を請け負ったため、「世界の縫製工場」ともいわれるようになった。輸出品の実に8割を占め、輸出の伸びは近年の急激な経済成長を後押ししてきた。

だが、その労働環境については、以前から問題が指摘されていた。

「ラナプラザの事故では、犠牲者が千人を超えたことで国際的にも注目され、大きく報道されました。でも百人単位の死者が出る事故は、実はしょっちゅう起きているのです。ラナプラザの後も、工場火災は相次いで起こりました」

ラナプラザの場合も、もともと5階建てだったビルが、違法に建て増しされ、8階建てになっていた。事故の前には、ビルにひびが入り、危険だということが地元警察などによって指摘されていた。それにもかかわらず、工場は操業を続け、大きな犠牲を出した。

「縫い子の時給は数十円」

「では、悪いのは工場なのか。そうはいい切れない現実があります」と、鈴木さんはいう。

そもそも、バングラデシュの縫製業が大きく伸びたのは、人件費の安さを売りに、国が政策として推し進めてきたからだ。「縫い子の時給は数十円で抑えられます」。そんな宣伝文句で、先進国のアパレル企業にアピールしてきた。

発注する側のアパレル企業にとっては、工場は取り換えのきく存在だ。もし、発注通りの金額では作れない、納期を守れないといったことがあれば、他の工場に仕事を回せばそれで済む。

「工場長の立場からすれば、操業を止めると納期が守れなくなり、働く人たちの賃金も払えなくなってしまう。工場長だけの責任か、といえば、そうはいえない部分があるんです。発注してくる先進国の消費者が『安いものしか買わない』『でも早くほしい』という思考でいるかぎり、下流で変えるのは限界があります」

安全管理をおろそかにした結果、多くの人が犠牲になった。

問題はそれだけではない。

ピープルツリーの取引先の一つ、「タナパラ・スワローズ」は、バングラデシュの農村に拠点を置く生産者団体だ。ここには、ラナプラザでかつて働いていた女性もいるという。

鈴木さんはいう。

「確かに、工場は大人数を雇用できる場でもあり、先進国のアパレル企業の中には、働く場を作った功績を強調する人もいます。農村では、食べていくことはできても、現金収入を得る手段がなく、教育費などを出せない事情があります。

ただ、都市部の縫製工場で働くため、女性たちは子どもを農村の家族や知人のもとに残し、出稼ぎをしなければなりません。ひたすら袖を作るだけの日々で、何年働いても技術が身につきません。労働組合に入れば『面倒なやつ』ととらえられて解雇されてしまうため、当然の権利すら守られないのです」

女性の社会的地位の低さ

茨城大学人文社会科学部の長田《ながた》華子准教授は、大学生の時に初めてバングラデシュを訪れたのを機に、現地のアパレル産業とそこで働く女性についての研究を始めた。２００６年からは1年間、ダッカ大学に留学。ダッカ市内の縫製工場に加えて、労働者の出身地である農村にも足を運び、縫製工場で働く女性たちの調査を続けてきた。また、それらの知見を生かし、ファストファッション工場の実態について一般の人向けの啓発活動にも力を入れており、2016年に出版した『990円のジーンズがつくられるのはなぜ？　ファストファッションの工場で起こっていること』（合同出版）でも、現地の状況について詳しく記した。

この本には、月4、5千円という給与で、時には1日10時間以上、ミシンを踏み続けている女性たちが登場する。女性たちがそれほど条件の悪い仕事を選ぶのは、社会全体の構造が関係しているという。

バングラデシュでは、現在でもなお、女性の社会的地位が低く、特に農村部では日常生活でも女性は外出することを極力避け、買い物にも夫が同行する。教育を受ける機会や働いてお金を得る機会も制限され、特に、低所得階層の女性の職業選択は限られているという。1980年代初頭に縫製工場が創業し始めるまでは、農村から首都ダッカに移住した低所得階層の女性は、雇い主の家で家政婦として働くくらいしか選択肢がなかったが、閉鎖的な空間でいじめられたり、一日中、全く自由時間がない状況で働かされたり、といった状況もあった。

こうした女性たちにとって、縫製工場での仕事は、現金収入を得て自由を得るための道でもある。そのおかげで女性の社会進出が進んだ、という面は否定できない、と長田さんはいう。だが、工場での仕事も長時間労働や劣悪な労働環境など実に過酷で、時にはセクハラや暴力などの被害にあうこともある。労働者として、女性たちがこうした状況に声をあげることもほとんど許されていない。

縫製工場で働く女性たちの中には、シングルマザーも少なくない。シングルマザーであるか否かを問わず、首都ダッカの縫製工場で働く女性たちが子どもを安心して預けられる場所は少なく、狭い家に閉じ込めるように子どもを置いて働きに出る人もいれば、農村の両親に子どもを預け、一年に一度しか会えないという選択をする人たちもいる。「ラナプラザ」での事故の後も、こうした女性たちを取り巻く状況は大きく変わってはいないという。

日本やインドでもアパレル産業で働く女性たちについて調査してきた長田さんは、「ファッション業界の問題は、構造的に女性の低賃金労働で成り立っていること。これは、日本でも海外でも変わらない」という。日本国内でも、縫製産業は女性の労働によって支えられ、「川上」のメーカーなどからの無理な要求を吸収してきたが、現役労働者が高齢化し、若年女性労働者が減ったこともあって対応できなくなり、年々縫製工場は衰退し続けている。

「その構造を転換しないと、問題は解決しない。まずは、作り手である女性の労働実態を可視化していくことが、研究者として大事なことだと思っています」と、長田さんは話す。

バングラデシュの状況は、大正時代の紡績工場で働く女性たちの過酷な労働環境を描いた『女工哀史』さながらだ。こうして安く作られた品は、私たちのクローゼットに収まりきらず、一度も着られることがないまま大量に捨てられている。

せめて、そのまま捨てるのではなく、何かの形で再利用できれば――。そんな思いで、リサイクルに出した経験のある人も多いだろう。その仕組みは、うまく回っているのだろうか。

第3章

リサイクルすれば、それでいい？

1　キャパオーバーのリサイクル工場

文・藤田さつき

店頭回収で罪悪感も断捨離したが……

「着なくなった服をリサイクルして新しい命を与えよう」

デパートや衣料品チェーンなどで最近、こんな呼びかけが記された衣料品ボックスをよく目にするようになった。店頭で中古の服を回収して、リサイクルしたり必要な人たちへ寄付したりして有効活用するというサービスだ。

私（藤田）もいままでに何度か利用したことがある。数年前には、スウェーデンのファストファッション大手のH＆Mが行っている中古服回収を利用した。「自社製品のみを回収」という店が多いなか、H＆Mはブランドを問わずに受け入れていて、袋1杯分の古着を持ち込むと、500円割引のクーポンに換えてくれるというサービスがあった（いまも続いているようだ）。着古したパンツやセーターなどを袋に詰めて持って行き、クーポンを２枚もらって「ラッキー」とほくほくした記憶がある。

それまでは、ごみの日に出すと、もったいなさから気が引ける思いがしていた。古着屋に持ち込んだこともあった。その時は荷物が大量になったためタクシーに乗ってしまったのだが、買い取り額が予想よりだいぶ低く、タクシー代を払うとアシが出てしまった。少しでも高く売れるように、と思ってクリーニングにも出したのに。店員から「季節外れのアイテムや、去年のシーズンの服だったりすると、よっぽどのブランド品以外にはあまりお金を出せないんですよ」とあっさり言われた。メルカリなどなかった当時。古着でお金をもらおうなんていう私の魂胆が間違っていたのか……と気が萎《な》えて、それからは古着をどうしていいか悩み、段ボール箱やクローゼットの中にたまるままにしていた。

その点、こうした店頭回収は一消費者としては非常にありがたかった。タンスの肥やしになっている古着をまとめて断捨離できるし、「リサイクル」を掲げているので服を処分することに対する罪悪感もなくなる。むしろ「社会貢献にもつながります」とまで言ってくれているので、前向きに処分できる。ぱんぱんのクローゼットに空きスペースができ、なんと割引クーポンまでもらえる。一石五鳥ぐらいなお得感だ。さっそくクーポンを使って子ども服などを買い、「あれ？　服を処分しに行ったのに服を買っちゃった。まぁ得したからいっか」と思いながら帰宅した。

リサイクルされた服の出口はどこだ？

最近はデパートなどでも回収ボックスが置かれているのがよく目につくようになり、店頭回収の流れは広がっているようだ。きっと私と同じように感じる消費者たちの需要が大きいのだろう。しかし、服の大量廃棄の取材を進めるなかで、疑問にぶつかった。

これは本当に解決になっているのだろうか。

何の解決になっているかというと、たくさん服が捨てられることに対する解決、服が安く大量に作られている中で、劣悪な労働環境で働く人たちが大勢いることに対する解決だ。

リサイクルすることとは、服をただ廃棄して、服を新しく生産するために多くの資源をまた費やすことよりは、確かにずっといい。ただ、「リサイクル」という言葉が服を処分することとの免罪符となれば、消費者は服を捨てやすくなるのではないだろうか。店頭回収を利用するためにわざわざショップやデパートの衣料品売り場まで足を運び、さらにクローゼットにもスペースができるとなれば、「ついでに服を新調するか」となるのが人情だろう。割引券までもらえばなおさらだ。リサイクルのための古着回収は、場合によっては大量消費のサイクルを助長しかねないんじゃないか、という疑問が浮かんだのだ。

折しも、神戸市の繊維リサイクル会社の社長が書いた「日本故繊維産業の現状と課題」という論文を読んだ。故繊維《こせんい》産業とは、家庭から捨てられた古着や服の製造過程で出る布きれなどを集め、工場で使うウエス（油や汚れなどを拭き取る雑巾）やフェルトなどにリサイクルしたり、中古衣料として販売したりする業界だ。

この論文は２００２年に書かれたもので少し時間が経っているが、「リサイクル意識が高まるなかで古着の回収量が増えている一方で、『出口』である中古衣料やリサイクル品の販売が限られていることが課題だ。販売は不振を極めており、業界そのものの存亡の危機に瀕している状況」と指摘していた。

いま、店頭回収を始めとする古着回収は身近な存在になったが、古着は実際どのようにリサイクルされ、そのリサイクルの仕組みは十分に機能しているのだろうか。リサイクル品の新しい出口はその後、開けたのだろうか。

こんなことが気になって、前述の論文を書いた社長が営む繊維リサイクル会社「門倉貿易」を訪ねた。

稼ぎ頭は海外向け古着

兵庫県西部のたつの市。山陽新幹線の相生《あいおい》駅から車で10分ほど行った工業団地に、敷地約7000平方メートルの門倉貿易のリサイクル工場がある。ここでは、古着を種類や用途ごとに選別し、ウエスも製造している。主に行政が資源ごみとして回収した古着などを、1キロあたり5円ほど支払って集める。4トントラック2、3台が毎日、兵庫県内や隣接する岡山県、京都府へ出かけていき、1日平均約9トンもの古着を受け入れているという。

オーバー、ジーパン、スカート、靴下、ブラウス……。工場の古着選別場のベルトコンベアには、大量の服が流れていた。ストッキングや男物、女物の下着、なぜかクマのプーさんのぬいぐるみも目につく。マスクをした10人ほどの従業員たちが次々と服を手に取り、コンベアの周囲にある箱などへ選り分けていく。「女性綿ブラウス」や「男物白シャツ」「ポロシャツ」など従業員ごとに担当する服の種類が決まっていて、古着として再販売できそうなものを取り出すのだという。

「だいたい百種類ぐらいに分けるんですわ。汚れがひどかったり破れていたりして、リサイクルがどうしても難しいものもここで粗選《あらよ》りしています」

門倉建造社長が教えてくれた。

この工場で一番の稼ぎ頭は、海外向けに輸出する古着だ。従業員たちがコンベアから選び出していた服で、受け入れ量全体の約４割にあたる。行き先はマレーシアや香港、バングラデシュ、パキスタン、遠くはアフリカのルワンダ、ギニアなど。日本に比べると気温が高い国が多いため、Ｔシャツやワイシャツなどがよく売れる。逆にジャンパーやオーバーなどのアウター類、保温肌着などの防寒着、セーターなどの冬物衣料は人気が低く、取引単価は下がるという。

一方で、コンベアのすぐ横に配置されたパイプにも頻繁に服が入れられていた。服はパイプを通じて、下の階のカゴのなかへ滑り落ちていく。

「ポリエステルの混合割合が50パーセント以上の衣料品ですよ」

カゴにたまった服を見せてもらった。

ポリエステル１００パーセントのゴールドのスカートや、ユニクロのピンク色のスウェット、部屋着として羽織ると温かそうなポンチョ。どれもへたっておらず毛玉も目立たず、新しそうだ。ポリエステルと綿の混合のなかなかステキな真っ白なレディースジャケットは汚れもなく、洗濯表示はくっきりしている。

「最近、こういった化学繊維の服が増えていましてね。よく見ると、新しくてけっこう状態がいいものが多いんですわ。まだまだ着られそうですよね。服のライフサイクルが短くなったんでしょう。日本も豊かになったのでしょうか。服もずいぶん安くなりましたよね。我々の世代やったら、洗濯表示がまず見えなくなるぐらいまでは着続けますが」

そうしている間にも、カゴには服が途切れなく落ちてきた。

化学繊維はリサイクルしにくい

選別場の隣の倉庫を見せてもらった。ここには、輸出用の古着を取り出した後に残った服を保管している。

150キロずつ梱包された服のかたまりが、床から高さ7、8メートルの天井までびっしりと積み上げられていた。袋には「綿」「ラシャ」「ポリ」という文字。繊維の種類ごとに分けられているのだ。「綿」は主に工場向けのウエスにする。羊毛を意味する「ラシャ」は、切断して再びワタの状態に戻す「反毛《はんもう》」という工程を施して、自動車の内装材や工事に使うフェルトにリサイクルすることができる。

「見てくださいよ、ここも『ポリ』ばっかりでしょ」

門倉社長が苦笑した。確かに倉庫内には、ポリエステルを50パーセント以上含む服を意味する「ポリ」と書かれた梱包が目立って多い。「これはどんな用途に？」と尋ねると、門倉社長は言った。

「ポリも時々、内装材などのコストを抑えたい時に、反毛用としてラシャの代わりに欲しいと言われる時がありますす。それに備えて取り置いているんですわ。でも実際は需要は少ない。これだけ化学繊維の服が急増したので、どんどんたまって倉庫を侵食してくる。ポリは他の用途があまりないので、たまりすぎると捨てるしかありません」

門倉社長によると、古着の輸出に次いで商売になるのは工場向けのウエスだが、化学繊維はウエスにはできない。綿と違って水や油を吸収しづらいため雑巾に向かないのだ。「ケミカル・リサイクル」という化学的手法で化繊を分子に戻して原材料などへ作り直す方法もあるが、コストが高く設備も必要なため、故繊維業者にはハードルが高いという。

「このところは、ポリエステルだけやのうて、ナイロンやアクリルなどのいろんな化繊を混合した複合繊維の服が増えました。繊維を組み合わせることで、保温性や消臭力、軽量化などの高機能を付加しているんです。そういった保温肌着は軽くて暖かくっていいんですけど、いろんな素材が混ざっているのでリサイクルは難しい。ウエスにも反毛にも向かないし、暑い国は欲しがらないから輸出もしづらいんです。せっかくお金を払って回収したのに捨てるしかない、こういった『リサイクル不能品』が最近ものすごく増えています」

増え続ける「リサイクル不能品」

リサイクル不能品には、汚れがひどい服なども含まれるが、多くはこうした化繊の服や輸出需要のない冬物衣料だという。倉庫の外に不能品を置く場所があると聞き、見せてもらった。

大量の服を圧縮した固まりが、倉庫の壁に沿って積み上がっていた。

「この3日間に出た分です。5トンほどありますかな」

門倉社長の許可をもらって、どんな服があるか、何着か引っぱりだして見させてもらった。

まず、紳士服チェーンの下半身用の防寒肌着。いわゆるズボン下だ。洗濯表示を見ると「ポリエステル35%、レーヨン30%、アクリル30%、ポリウレタン5%　中国製」。化学繊維のオンパレード。これだけ多くの種類の繊維を混合して高機能を実現しているのかと感心してしまった。これも表示の文字はくっきりして薄れていない。

「たぶんワンシーズンしか着てないんじゃないでしょうか。いくらで買ったものなんでしょうね。５千円や１万円したら、すぐには捨てられないですよね」

次は、ＧＵの中国製セーター。こちらはポリエステルとアクリルの混合だ。ビニールの包装に入ったままの新品のストッキングもあった。スニーカー用の靴下も新品だ。「結局、買うたものの、安けりゃ捨てやすいんでしょうか」

こうしたリサイクル不能品は、５年前に比べると３割は増えたと門倉社長は言う。１日９トン持ち込まれる古着のうち、いまや約２割を占める。１日あたり約２トンの不能品が出るという計算だ。

熱回収ではビジネスにならず

不能品はどのように処理されるのだろうか。

「プラスチックなどとともに裁断して圧縮し、ＲＰＦという固形燃料にするのです」

ＲＰＦ化とはプラスチックごみの処理方法の一つで、２０００年ごろから広まり始めた。プラスチックやポリエステルといった化学繊維は石油を原料とするため、よく燃える。ＲＰＦは、国内では主に製紙工場やセメント工場などで燃料として使われている。

第１章でも紹介したが、売れ残った服を廃棄する際も、この処理方法が近年よく使われるようになった。この方法は日本の産業界では「サーマル・リサイクル」と呼ばれ、「リサイクルの一種」と説明されることがある。だが、法的にはリサイクルの範疇には含まれていない。環境省によると、RPF化はリサイクルしきれない廃棄物を、少しでも有効活用するための緊急避難策として認められた処理方法だ。同省担当者は、「二酸化炭素を排出する環境負荷はあるものの、燃焼処理の際に出る熱エネルギーを有効活用する方法であり、熱回収やエネルギー回収と呼ぶのが正確だ」と説明した。つまりそれほど、日本にはプラスチックや化学繊維の廃棄物があふれていると言える。ちなみに「サーマル・リサイクル」は和製英語で日本にしか存在しない言葉で、海外では「エナジー・リカバリー」と呼ぶのが一般的だ。

廃プラスチックや繊維ごみから作られるRPF

門倉社長によると、RPF化はコストもかさむという。門倉貿易はリサイクル不能品の古着を、1キロあたり約20円の費用を支払ってRPF業者に受け入れてもらっている。不能品が年々増えて処理費用がふくらんでいる、と門倉社長は頭を抱える。

「うちもリサイクル業者なので、不能品をただ廃棄するよりは熱回収の方がいいと思ってR

ＰＦ化していますが、ビジネスとしては全く成立していない。お金を出して買ったものを、お金を払って捨てるんですから。このペースで不能品が増え続けると大変です。化繊の服は、着る人にとっては安くて快適かもしれないけど、リサイクルがとても難しいということは知ってほしい。せめてすぐに処分しないでほしいです」

大量リサイクル社会

リサイクル不能品が増えた背景は、ポリエステルなどの化繊の服が増えたこと以外にもある。理由の一つは、古着の回収量そのものが増えていることだ。

「回収量は少しずつ増えていて、10年前に比べれば今は１、２割は多い。やはり、消費者のリサイクル意識の高まりと、その一方で消費者が処分する服の量自体が増えていることが大きいと思います」

処分する量が増えているのは、服の値段が近年だいぶ安くなったことと無関係ではあるまい。１着１万円以上で買ったワイシャツやチノパンならば１シーズンで捨ててしまうのはもったいなくてできないが、１着千円程度ならそのハードルは明らかに下がる。私の周囲にも、「９８０円のワイシャツなら、インクの染みがついたら捨てて、買い直せばいい。だから最近は高いシャツを買わなくなった」と話していた人がいた。

リサイクル不能品が増えたもう一つの理由が、中古衣料やリサイクル品といった「出口」の需要が以前よりも縮小していることだと門倉社長は言う。

中古衣料の輸出先としては、かつては中国が大口で、冬物衣料も引く手あまただった。だが中国は経済成長を果たしていまやむしろ古着の排出国となり、十数年前から中古衣料の輸入を禁止している。フィリピンなどのアジア諸国やアフリカでも輸入規制を始めるようになり、輸出は年々難しくなっているという。

さらに日本の製造業は右肩下がりとなって、ウエスの需要も減っている。愛知県岡崎市に一大生産拠点がある反毛も、「リサイクル材よりバージンウールから作った自動車内装材の方が音の吸収力が高い」といった理由で、古着のラシャやポリエステルが売れづらくなっているという。

リサイクル不能品の急増は、こうした様々な状況から起きていた。

「ごみに命を与える」

門倉貿易を取材する前に立てた二つの問い、「古着のリサイクルは十分に機能しているのか？」「新しい出口は開けたのか？」。

答えはいずれも現段階では「ノー」のようだった。

古着のリサイクル意識が高まった結果、言い換えれば、「リサイクルしてくれるなら」と消費者が服を気軽に処分するようになった結果、皮肉なことに古着のリサイクル工場はキャパオーバーに陥っていたのだ。

リサイクルも大切だけど、まずは一人一人がちょっと立ち止まって、服を買う量や処分する量を考え直してみた方がいいんじゃないだろうか。古着リサイクル工場の現状を目の当たりにして、私はそう思った。

取材の終わりに、ウエスの製造場も見せてもらった。

従業員たちが手際よく、綿の服のボタンや襟を外して裁ち、布の状態に戻していく。不揃いな形の布や端切れは、ウエス用の四角い形になるように縫い合わせる。まさに職人技だ。

「ウエスにするのはね、着古して、洗濯を繰り返した服が一番いいんですよ。新品は綿の油が残っているし布の目が詰まっていて、吸収力があまりよくない。でも長く着られた服は、こんな風に布がゆるんで、機械の油をよく吸い取ってくれるんです」

門倉社長が、ウエスの材料にする古いメリヤス肌着を手に取って見せてくれた。

門倉貿易はもともと名の通り、神戸港にほど近い中心街・旧居留地に会社を構える中古衣料専門の輸出入業者だった。ウエスも他から仕入れたものを販売していたが、いまの門倉社長が会社を継いだ後、顧客の要望にきめ細かく応えられるように、古着の回収から手がけてウエスを製造するようになったという。

「ウエス作りは昔からかたちを変えながら日本で続けられてきたことなんです。江戸時代は、何人もの人が袖を通した古い着物がその用をもうなさなくなった時に、ほどいて雑巾や敷物として使っていた。ウエスはごみに命を与えるんです。昔から続いてきたそんなリサイクルが化繊服の増加などで難しくなっているのは、少し寂しいですね」

門倉貿易では、リサイクル不能品の古着を活用できる「出口」を広げたいと、２００６年に「リフモ」という資材を製品化した。不能品の繊維をほぐしてワタの状態にしてプラスチック繊維を混ぜ、加熱、加圧して板状にしたものだ。木材と同じような能力を持っていて、プラスチックよりも強度がありながら釘を打ち込んでも割れず、保水力もあるという。工事資材や高速道路の緩衝材、壁面緑化材などの用途が可能だ。

「知名度の低さが課題なので、展示会に参加したりテスト導入してもらったりして、まずはこの機能性を知ってもらおうとしています」

これまでリサイクル不能品だったものを活用できるようになり、さらにいままでは存在しなかった機能の資材も作れるようになったら画期的だ。しかし門倉社長は付け加えた。
「僕はリフモが仮に軌道に乗ったとしても、ニッチなままにとどまってほしいんですわ。入ってきた古着をすべてリフモにしちゃえとかになるとね、ウエスに最適な古着まで取られちゃう。『あ、これ商売になるな』と大手企業が入ってきたら、うちらみたいな業者は蹴散らされてしまいます（笑）。リフモへのリサイクルがあまりに増えたり、そのために古着回収を増やそうなどとなったりすると、いろんなバランスが崩れてしまう。廃棄物リサイクルの業界は、縮小均衡でええんです」

社会のいまのありようを理解するには、「ごみ」を見るのが一番なのかもしれない。人々がいま、どんなものを欲しがり、消費し、そしてもう必要ないと捨てるのかが一目瞭然だからだ。

帰りの新幹線で、「リサイクル業界は縮小均衡でいい」という門倉社長の言葉が頭に響いた。

RPFもキャパオーバー

門倉貿易を取材した半月後、北海道のRPF工場に行った。言わば、「ごみ」のリサイクル工場でも「ごみ」とされたものを処理する工場だ。北海道苫小牧市の苫小牧清掃社は、1999年から全国でもかなり早くRPF化を始めた。

大部分はプラスチックごみだったが、服や布団などの繊維ごみも多く含まれていた。工場を見せてもらうと、門倉貿易と同じようにベルトコンベア上をごみが流れ、従業員たちが分別していた。RPFの原料も、何でもいいわけではない。金属や、燃焼する時に有害物質が発生する塩化ビニール製のものなどを分けているのだ。分別後のごみは細かく粉砕して圧縮、加熱され、直径3センチ、長さ15センチほどの円筒型の固形燃料RPFができあがる。この工場で製造したRPFは、苫小牧市の主要産業である製紙工場で主に使われている。

取材に応対してくれた山本康二常務によると、RPF業者のビジネスモデルでは、こうしたRPFの燃料としての売り上げよりも、廃プラスチックや繊維ごみなどの廃棄物を受け入れて処理する料金が、収益の中心なのだという。特に現在は、日本が廃プラスチック処理の多くを委ねてきた中国が2017年末に受け入れ禁止を決め、国内にまだ数が少ないRPF

工場に追い風が吹いている。

だが山本常務の言葉で驚いたのが、

「いまはそんなＲＰＦ業界でもキャパオーバーの状況なんです」

というものだった。国内では紙の生産量や消費量が減少傾向で、その分、生産に必要な燃料の需要も減っている。さらにＲＰＦは石炭などの従来の燃料に比べると、製紙工場のボイラーの劣化を早める可能性もある。そのため国内で増えているＲＰＦ生産量に対して、「出口」の需要は限られているのだという。どうやら、リサイクル業界のいたるところで飽和状態は起きているらしい。

「代替エネルギーとしてＲＰＦを使うことは、天然ガスや石炭などの資源の枯渇を防ぐ対策にはなります。ただＲＰＦ化する際には、電力や石炭を使っているわけです。だからやっぱり、ものを多く消費しすぎないよう大事に使うこと、そしてごみはできるだけ発生させないことが、まずは大切なんですよね」

そう山本常務は話した。

でもプラスチックなどのごみが減ってしまうと、処理業務が少なくなって困るのはＲＰＦ業者ではないのですか？　そんなことを私が尋ねると、彼は答えた。

「ごみが少なくなったら、それでいいんです。その時に社会が必要とする別のリサイクルを見いだすのが、私たちの役割ですから」

門倉社長と同じだ。ごみを減らして資源を生かしきろうというぶれない姿勢を、2人に感じた。

服を大事に長く着て、その役割が終わったら、別のかたちにして再び命を与える。これが、もともとの「リサイクル」のあり方だったはずだ。

この「物を大切に使いきる」という精神は、門倉貿易や苫小牧清掃といった現代の担い手たちにも受け継がれていると感じる。しかし「リサイクルされるから」といって、まだ新しい服を短いサイクルでリサイクル事業者へ委ねてしまっては、本末転倒だ。

リサイクル業界における廃棄物のこうした飽和状態は、私たちは捨てすぎている、ということをとても如実に語っていると思う。

2　リサイクルをどう評価するか

文・仲村和代

リサイクルはメーカーの戦略

古着のリサイクルを、どう評価するのか。

取材を進めるうち、私（仲村）と藤田さつき記者はその問いにぶつかった。新品の服の大量廃棄問題は、単なる売れ残りというより、アパレルメーカーの側が製造コストを抑えるために人件費の安い国に大量発注する中で生じている。構造上の問題で起きる新品の大量廃棄問題については、多くの人がこのまま続けていくことを問題だと感じるだろう。だが、仮にうまく循環しているのであれば、それでいいといえるのだろうか。

前項で紹介したように、最近は多くのアパレルメーカーが、中古の服を回収するようになった。ドイツなどと比べると、日本の古着の回収率はまだまだ低く、燃えるごみとして捨てられ、そのまま焼却されているものもかなりの割合を占める。メーカーの手で回収され、リサイクルされるのであれば、「資源が有効活用された」と考えることもできる。だが、こうした回収は、メーカー側が新しい服を売るための戦略でもあり、クローゼットで眠る服を、消費者が罪の意識を感じることなく手放すようにうながしている面もある。そして、ほとんどの消費者は、回収された先がどうなっているかについては考えることもない。

その問いをぶつけるため、訪ねたのが「日本環境設計」だ。着なくなった服を店頭で回収し、繊維としてリサイクルするプロジェクト「BRING」を手がける。2007年、繊維商社で繊維リサイクルに関わっていた岩元美智彦会長が、当時まだ大学院生だった高尾正樹社長に声をかけ、創業。高い技術力で、回収したポリエステル繊維を溶かして精製し、もう一度ポリエステル繊維の原料となるポリエステル樹脂に戻すことを可能にした。従来のポリエステルの原料は、石油。リサイクルすることで石油由来のものの使用量を減らし、二酸化炭素の排出量削減に貢献する、というのが、同社の狙いだ。参加企業は、無印良品やパタゴニアなどのアパレル会社、大丸松坂屋などのデパートなど、これまでに約70社。全国の回収拠点は約3000に増えた。

なぜ「店頭」で回収するのか

リサイクルをなりわいとしている側からすれば、廃棄される服があってこそ、商売が成り立っているともいえる。大量廃棄の問題をどう感じているのだろうか。

そう問いかけると、取材に応じてくれた高尾社長は開口一番、こんなことを口にした。

「どう考えても、捨てられる服が多すぎる。僕らが回収している服の中には、まだ着られるものも多いんです。店頭回収にこだわっているのは、消費とリサイクルをセットにすることで、消費者の意識や消費行動を少しでも変えたい、という側面が大きい」

高尾さんによると、回収の効率だけを考えるならば、自治体の資源ごみの回収などを利用した方がよいという。だが、それでは消費者の側が、捨てる服を「資源」ととらえ、その行き先について考える機会がなくなってしまうばかりか、実際には循環されないままごみになってしまうことが少なくない。

「石油の使用量を減らすためには、消費者の協力が必要不可欠。消費者は賢い、と思います。消費者を巻き込むには、『正しいこと』を伝えなければならない。あるべき姿を誰かが提示すれば、協力してくれるようになるんです」

そのターゲットになるのは、必ずしもマスではなく、消費文化を作っていく意識の高い層の行動が重要だ、と高尾さんはいう。

「消費文化が変わる時は、いきなりその全てが変わるわけじゃない。レセプター（受容体）を持っている人たちが変われば、変わるんです」

同社の取り組みも、最初からうまくいっていたわけではない。創業してしばらくは、コンサルティング業務でやりくりする日々が続いた。2008年には大手携帯電話キャリアと提携し、携帯電話の金属の回収・リサイクルの業務を始めたが、これもどちらかと言えば「本業」である繊維リサイクルを支えるためだったという。2000年代半ばに同じような理念を掲げて起業したものの、なかなか時流が来ず、耐えきれずに倒産してしまった企業もある。「うまくいき始めたのは経営感覚があったから、といいたいところだけど、運ですね」と高尾さんは笑う。

正しいことは正しいと言い続ける

特に最近は、アパレルメーカー側の意識の変化をひしひしと感じるようになった、と高尾社長はいう。繊維リサイクルの課題の一つは、コストの問題だ。同社の再生材は、石油から作った場合と比べ、割高とも言える価格設定だった。それでも、メーカー側が明確に「高くても再生材を使いたい」と掲げてくることが多くなった。

「やはり、世論の影響が大きいと思う。ヨーロッパなどでは環境対策の一環として、政策としても再生材を重要視する動きが明確に打ち出されるようになっているので、再生材を使わないと生き残れないという意識を、企業側も持つようになっている」

同社の工場の生産能力を上げることができれば、コストは下がる。メーカー側からは、「一緒にコストを下げるために、どうしたらいいいか」という相談までされるようになったという。

こうした風潮を後押ししたのは、若い人たちの意識も大きいのではないか、と高尾社長はいう。

「うちの会社に入社してくる20代後半の人たちは、ある種の悲壮感すら持っています。このままでは、自分たちの世代が子どもを生んで育てることはできない、と。学校で、そういう教育を受けてきたことが大きいのかもしれないですね。教育の場では、問題意識だけ植え付けられるんだけど、ソリューション（解決策）がない。その意識が向かう先が、うちのような企業なのかもしれません」

関西弁で軽やかに話す高尾さんは、私とほぼ同世代。関西人らしい率直さと、自分の把握できる範疇以外のことについては言及しない理系らしい実直さを兼ね備えた人で、取材を超えて話が弾み、あっという間に時間が過ぎた。その高尾さんの、こんな言葉が印象に残った。

「正しいと思っていることを正しいと言い続けてたら、世界は変わる。世論が世の中作っていくんです」

３　結局、古着は役に立っているのか

文・仲村和代

「ぺぺ」はいらない

集められた古着は、リサイクルされるだけではない。状態がよく、まだ服として着られるものは、海外に輸出され、そのままの形で「リユース」される。行き先はアジアやアフリカなどの途上国だ。こうした国々で古着として販売されるほか、難民キャンプなどに寄付されているものもある。

貿易統計によると、古着の輸出は１９８８年に3万８０００トンだったのが、２００５年に10万トンを超え、２０１７年には24万トンを超えるまでになった。この30年で、約6倍に増えた計算だ。輸出相手は、マレーシアや韓国、フィリピンなどだ。

途上国への輸出をめぐっては、日本でも様々な議論がある。「日本の古着はきれいなので、

途上国でも歓迎されている」という説もあれば、「現地の産業を圧迫している」と指摘する人もいる。また、寄付として送られるものについては、現地の宗教や文化、気候に合わないものが大量に送られている、という指摘もある。仮に現地でゴミとして捨てられることになるのであれば、先進国で負うべき負担を途上国にたらい回ししているに過ぎないことになる。

ファストファッションの現実を批判的に描いた映画『ザ・トゥルー・コスト』（アンドリュー・モーガン監督、2015年）にも、途上国への輸出について触れた場面が登場する。中米・ハイチで、アメリカから送られてくる「ペペ」と呼ばれるものに悩まされている、という描写だ。「ペペ」とは、古着のこと。アメリカから送られてくる古着が、現地の縫製業を圧迫している、というのだ。

売れる古着も、売れない古着も

実際のところはどうなのか。

アフリカ経済を専門とする日本貿易振興機構（JETRO）アジア経済研究所の福西隆弘・アフリカ研究グループ長は、2014年「リユース品貿易の実態」という論文の中で、古着の国際貿易についてまとめ、ケニアなど現地の産業への影響について調べた。

「現地の縫製業が古着の輸入の影響で廃れた、と結論づけるのは、学術的には難しいが、影響がないとはいえない」という。

福西さんが「結論づけるのが難しい」とする理由は、古着の輸入と新品の輸入が同時並行で起きていたため、どちらがどのように影響したのかの因果関係を示すことが難しいからだ。例えば、ケニアでは、１９９０年代半ばから古着の輸入が増え、新品の衣料品の価格が大幅に下がり、現地の縫製業者が生産規模を縮小したり、転業したり、といったことは実際に起きていた。ただ、衰退したのと同じ時期に、アジア製の新品の輸入量も大幅に増えているのだという。

「とはいえ、古着の輸入を規制している国もある。政府が、自国の産業に影響していると判断している、ということがいえると思います」

古着は一般的に、中身が見えない状態でパッキングされ、アフリカ諸国に運ばれる。中には、現地で売れるものも、売れないものも混在している。現地の小売り業者が選別した後、売れないと判断されたものは廃棄される。

「町の郊外の空き地などに捨てられる量は、それなりの量あるはずです。車や電化製品などと違って、廃棄に際して極めて有害な物質が発生することはないので、これまであまり問題になってこなかったのです」と、福西さんはいう。

古着を買うのは、ごく一部のビンテージものを除けば、低所得者層から中所得者層までだ。世界的なマーケットの動きを見ても、先進国から途上国へと流れていく。アフリカ諸国も、2000年代半ばから経済成長が進んで所得が増え、古着を求める層も減りつつあるという。

いまのところはまだ、古着が飽和状態になるところまではいっていないのではないか、というのが福西さんの実感だ。ただ、先進国ではものすごい速さで流行が回転し、古着になるまでのスピードが速くなっている。さらに、安く作るために余る前提で作られている服もあって、生産量は増える一方だ。輸入が増え続ければ、いずれ古着が余り、問題になることもあるのではないか、と指摘する。

「支援」という形で送られる古着についても、問題はあるという。

「かつて食糧援助の現場で起きたことと、構造的には同じ部分があると思います。どういうことかというと、例えば干ばつなどで食料が不足する国に緊急援助を行う場合、無料の食料が入ってくることによって、食料の価格が下がり、何とか災難を免れた農家までもが苦しめられる事態が発生しました。服も同じような面がありますが、作る企業がすでに消えてしまっていることや、因果関係の分析が進んでいないこと、有害さのインパクトが弱いことなどのため、あまり問題になってこなかった側面はあります。消費者としては、古着を『リサイクル』という形で手放すことができれば、クローゼットはすっきりして新たなものを買える上、貧困問題に貢献できる。でも、最後の出口のところがもう受け入れられない、となれば、このシステムは立ちゆかなくなる。いつまでこの形が持つのか疑問が残ります」

リサイクルは、当然ながら万能ではない。捨てる側の罪悪感が少し薄らぐからといって、際限なく廃棄していれば、いつかシステムは崩壊する。消費者にとっては、「ある日突然」のことのように感じるかもしれないが、現場にいる人の実感からすればじわじわと長い時間をかけて進行しているのだ。

やはり、安く、大量に作るシステムそのものを見直すしかない。取材を進めれば進めるほど、私たちはそう感じるようになった。

第4章——「透明性」と「テクノロジー」で世界を変える

1　解決策①　原価を明らかにする

文・藤田さつき

1万6800円のパーカーは高いか？

「生地3779円、裁断・縫製4326円、附属598円　製品コスト8703円」

アパレル企業「10YC《テンワイシー》」の販売サイトには、すべての商品説明にこんな数字が記載されている（141ページ画像参照）。

これは、商品を製造した際に各工程でどれぐらいの費用が1着あたりかかったか、を示す数字だ。

例えばこの数字は、Mサイズのメンズパーカー。スウェット生地の仕入れ値は3779円、布を裁断してパーカーに縫製した工場へ支払った加工賃は4326円、そしてファスナーなどの部品の仕入れ値は598円で、服作りの費用は全部で8703円かかったということだ。

パーカーの販売価格は１万６８００円なので、製品コストの１・９３倍に設定されている——ということも、このサイトを見れば分かる。

なぜ、服作りの費用をここまで消費者へ明らかにしているのだろうか。

「いまはセールがしょっちゅう行われていて、服の本当の値段が分かりづらいですよね。それが服の大量廃棄にもつながっていると思う。服を作るのにかかったお金をお客さんに知ってもらえば、もっと服を大事に着てもらえるかなと考えたんです」

10YC のホームページより

10ＹＣを創業した３人のうち１人、後《うしろ》由輝《よしき》さんは言う。10ＹＣの服作りのキーワードは、「10年着続けたいと思える服」だ。

サイトには同じ製造コストで生産した場合の「従来の販売価格」も記載されている。このパーカーでは、２万９０００円。パーカー１着にしてはずいぶん高い。

「従来の日本のアパレルのやり方では、商品の発注から製造、流通、店頭に並ぶまで、多くの商社や問屋などが介在して仲介手数料の費用がかさんできた。さらにブランドイメージの分も商品価格には加算されて、製造原価よりだいぶ高くなる。でもうちは製造工場と直にやりとりするので、原価の2倍ぐらいの価格設定が可能なんです」

なるほど。パーカー1着が1万6800円という値段もちょっと高いな、という印象を持ったが、後さんの説明を聞くと納得感がある。逆に「従来の価格」を見ると、原価にそんなに上乗せされているのかと驚く。

10YCは工場と直接契約している。それにより浮いた中間手数料の分を、工場に支払う費用へ回して適正な加工賃を実現しているのだ。また客への販売の方法も、インターネットによる直接販売のみだ。服がアパレル企業から客に届くまでに介在する問屋などをここでも挟まないため、その分価格を抑えられる。さらにセールがこれほど一般的になった現在、アパレル企業によってはセールで販売することを前提にして、価格にあらかじめセールの値引き分を乗せているところもある。10YCはセールを実施しないため、そうした価格への上乗せもない。

「作る人も着る人も、豊かにする仕組みにしたいんです」

サイトを見ると、Sサイズのパーカーの製品コストは8605円、Lサイズは8801円と、少しずつ違う。コストの差は、生地の仕入れ値の違いだった。

「服のサイズが違えば当然、生地の分量が変わってきますから」と後さん。徹底した情報公開の姿勢が伝わってきた。

誰も知らない服の「原価」

前章までで書いてきたように、アパレル業界では服をより安く、大量に生産することが追求された結果、服の大量廃棄や製造現場における過酷な労働、環境破壊が問題化してきた。そんな中、業界から近年、「透明性」を高めることで解決策を模索する動きが出てきている。

目立つのは、服の製造工程を「透明」にすることだ。誰が服作りを担っているのか、どんな理念を持って、どんな場所で作られているのか。こうした「服ができるまでのストーリー」をホームページなどで消費者へ伝え、商品に関心を持ってもらおうという動きが広がっている。10ＹＣもそんな流れの一つだが、製造コストまで透明化しようという取り組みはラディカルだ。

そもそもなぜ、服の原価が公開されることはこれまでほとんどなかったのだろうか。

いや、食品や本、文房具……考えてみればほぼすべての商品で原価が分かることはあまりない。

私たち消費者にとって、商品の「値段」とは店頭で買う時の価格だ。商売を成り立たせるため、原価には当然、利益が上乗せされている。だがそれに加えて、商品がメーカーから店頭に届くまでには、実は専門の問屋や卸商といった中間業者が間に入り、手数料もその都度上乗せされていく。中間業者が介在するのは、需給の調整や販路の拡大のため、小売りにとっては在庫を抱えるリスクを減らすため、など様々な理由が存在してきた。

だが消費者が商品を手に取った時、値段のうちどれだけが原価で、どれだけが利益で中間手数料なのかは分からない。その内訳が分かってしまうと客の購買意欲が削《そ》がれる恐れがあるため、明らかにされてこなかったという側面もあるかもしれない。

そのなかでも特に服は、原価を明らかにしづらかった製品分野だろうと私は思う。

生地の品質やデザイナーの報酬は多少異なるだろうが、ほぼすべての服作りでは人の手作業でミシンがかけられている。作業量や素材の量は総じてそれほど違わないはずだ。それなのに価格差は、ゼロの数が1、2個違うほど大きいこともしばしばある。理由の一つは、価格帯が、原価よりもブランドの名前や販売される場所に基づいてある程度決められているからだろう。特に有名ブランドでは、そのイメージや宣伝コストも価格へ上乗せされる。逆に低価格の服では、その値段を実現するために、海外工場で大量生産するなどして縫製などの加工賃をかなり圧縮している。そのしわ寄せを受けているのは、製造現場の人々だ。

このように服の値段が決まる過程には、アパレル企業があまり消費者に明かしたがらない様々な「不都合な真実」が含まれている。だから服の原価が公開されることはほとんどない。10YCはそこに切り込み、従来の価格のあり方やアパレル産業のシステムに疑問を投げかけたのだ。

「僕たちはごみを作っているのか？」

10YCは2017年9月、後さんら同世代の男性3人が立ち上げた。社長の下田将太さんと後さんは、大手アパレル企業の生産部門の出身だ。サンプルをもとにメーカーへ量産を指示し、物流センターへの納品を手配する、そんな業務を担当してきた。

当時よく感じたのが、つい先日納品されたばかりの服がもうセールに回されている、ということだったという。

「会社は売れない、売れないと言って、すぐに値下げする。実際、セールにすると売れる数は伸びた。でもそうすると、お客さんはますます定価で買わなくなるんです」

そうして売れ残った大量の在庫は倉庫に一定期間保管されたが、いつの間にか廃棄物処理業者が回収していった。毎シーズン、毎シーズン、それが続いた。

「僕たちはごみを作っているのか？　と思った。『売り上げはセールで取る』がセオリーになって頻繁に行われるようになると、お客さんには商品の本当の価値が伝わらなくなるし、生産者は安売りのしわ寄せを受けるようになる。これではお客さんにも生産者にも裏切り行為をしているんじゃないかと思いました」

後さんはそう振り返る。製造コストを抑えるために、商品はほぼすべて中国を中心とする海外から輸入されていた。どんな工場で、誰がどんな風に服を作っているかについて、後さんたちは知るよしもなかった。

現場を歩いて見つけた「可能性」

そんな彼らが、前職を辞めて10ＹＣを立ち上げた時にこだわったのは、「自分自身の目で製造現場を見て、納得のいく服を作る」ということ、そして「お客さんにも服が作られる過程を伝える」ということだった。

国内にある縫製や染め、生地製造の工場にアポを取り、足を運んだ。生産拠点の海外流出で、日本に多かった小規模なアパレル工場は次々に廃業している。ただそうした中でも、こだわりを持って服作りを続けている工場と出会った。

「僕らが製造をお願いした工場では、国内の製造現場を覆う現在の悲惨さだけでなく、将来の可能性を見ようとしていたんです。自分たちの技術に自信を持ち、非効率でも付加価値の高いものを作ろう、若手を育てようとしていた。お客さんにそんな姿を伝えたいと思いました」

サイトの商品説明に、糸の紡績から生地製造、染色、縫製までの各工程を担当した国内の約15の工場の名前を公表することにした。工場を紹介するレポートもサイトへ少しずつアップロードしている。例えば、前述のパーカーを縫製する丸和繊維工業青森工場（アプティマルワ）については、次のように紹介する。

アプティマルワは現在日本の縫製業の平均年齢が60歳と呼ばれるなか、全員日本人で30歳前半と他の工場に比べ平均年齢が若いです。その理由は、「人を育てる」姿勢。アプティマルワでは毎年新入社員を採用するのですが、その大半が地元高校の卒業生で経験者はおらず、未経験者。ミシンを使って縫ったことのない人を採用し、一から育てるのがアプティマルワ流で、技術指導を行い、自社で一人前に育てていく人材育成をしています。人手不足と言われる縫製業界においてコミュニケーションを大切に若い世代が働

きやすい環境を作っています。

また、ボタンダウンシャツの生地を製造する石川県の丸井織物については、こう書いた。

丸井織物では「素材の力で、世の中を面白く。」を合い言葉に、今までスポーツウェア用の織物生産で培ってきた撥水、透湿、吸汗、速乾といった機能性や軽量で高強度、ストレッチ性などの快適性のノウハウを活かし、カジュアルファッションに落とし込む生地開発に取り組んでいます。「ポリエステルで高級綿のような見え方を実現できないか」そういった固定観念に囚われない開発への姿勢が10YC Shirtsに使用されている生地になります。新しいファッションを創造する。その土壌が丸井織物にはあります。

挫折から生まれた指針

アパレル業界の数々の常識を破るやり方で、事業を始めた10YC。ただ試行錯誤のなかで壁にもぶつかった。立ち上げから約1年後のことだ。

廃棄につながる在庫を極力抱えないように少量生産をした結果、予想と異なる売れ方をするとすぐ在庫切れになり、供給が間に合わないという事態に陥ったのだ。このような新しい形のビジネスが雑誌などに注目され、想定を大幅に上回る売れ行きだったことも影響した。

10YCは2018年8月末、事業を一時休止した。

「それまでの少量生産のやり方では、欲しいと思ってわざわざウェブサイトやポップアップストアに来てくれたり、問い合わせをくださったりしたお客さんにいつ届けられるかも明確に伝えられなかった。それに少量生産は工場に対してもいいことではない。ある程度の量を扱わないと生産効率が悪くなり、工場は採算が取れないからです。僕らが立てたミッションの『作り手もお客さんも幸せにする』が達成できていなかったんです」

どうしたらお客さんへの供給を安定的に行い、工場にもいい思いをしてもらえるのか。しかもそのうえで、在庫を抱えず廃棄を出さないというやり方も追求したい。

そう考えた3人はサービス再開までの1カ月間、議論を重ね、ミッションを達成するための仕組み作りが十分にできていなかったという結論に達した。そして、次のような新しい方針を立てた。

方針①……少量生産は続けるが、在庫切れを起こしても再入荷の見通しを明確にして、

顧客に納品時期をはっきり伝えられるようにする。

方針②……工場には、一度にまとめて生産してもらうのでなく継続的に生産してもらい、今後の発注見通しも伝えるようにする。

社長の下田さんは、この「商品を安定的に届ける態勢を作る」という結論に達するまでにはジレンマもあったと語る。

「10YCをスタートした時には、まずは自分たちが欲しいと思うTシャツを作りたいという思いがあって、それをお客さんにもおすそ分けできればというぐらいの気持ちだった。だからサービス休止後に話し合った時には、好きな時に好きな物を売ればいいじゃないかという話も出たんです」

だが、あらためて10YCの活動を見つめ直す作業のなかで3人は、「作り手が思いを込めて作った服が、着る人の毎日を変えられる」「そんな商品をしっかり届けることがぼくたちの使命じゃないか」ということに気づいた。

「それでも遊び心や、楽しむ気持ちは大事だと思っている。だから管理的な部分とのバランスを模索したいと思っています。休止期間中に、ビジネスや売り上げに走ると忘れてしまいそうなことを言語化して、みんなで共有することにしました。今後、僕らがぶれることのないように」

その言葉は「プロダクトポリシー」として、10YCのサイトでも公開されている。「『着る』ことで少しでも変わるかもしれない。そう思ってもらうため、たくさんのこだわりを詰め込んでいます」として彼らが示した六つのポリシーは次のとおりだ。

・顔にくしゃくしゃしたくなる
・動きたくなる
・マイナス1
・家で洗える
・馴染んでいく
・アフターフォロー

最初の言葉は「肌触りの良さ」についてのこだわり。「マイナス1」は、「機能を付けるのでなく、毎日の面倒くさいを一つ減らす」ことだ。そして、せっかくお金を出して買った服を長く着続けられるように、「馴染むこと」と、購入してから時間が経って服が汚れたりしてもリフレッシュできる「アフターフォロー」も挙げた。

このプロダクトポリシーには、見た目のファッション性や、彼らが使命として大切にする生産者への視線は明示されていない。むしろ六つの言葉を貫くのは、ユーザー本位の姿勢だ。ポリシー2番目の「動きたくなる」が、その姿勢を一番如実に表しているだろう。つまり「服は主役ではない。着る人が楽しくなるよう助けるのが役割」ということだ。

後さんは言う。

「心地がよかったり、楽しかったりするから、10YCの服を買ってもらえる。そんな人が増えていくことが結果的にエシカル（社会的模範）にもつながる。それでいいと思うんです。作る人だけでなく、着る人が豊かにならないと」

10YCがいま、モデルケースとして注目しているのが、「廃棄を出さず全て売り切る」を掲げる米国のGUSTINというメンズ服メーカーだという。

GUSTINの手法は「クラウドファンディング」だ。販売サイトで気に入ったデザインの服を見つけ、値段にも納得できれば、消費者は「Back it!（支援します！）」というサイト内のボタンを押す。するとその商品の販売を実現するための資金集めに参加できる、というシステムだ。サイトには商品ごとに資金集めの「現在の達成度（％）」と「期限」が示されていて、期限内に資金が集まらなければ手を挙げた服でも買うことはできない。生産ロット数をある程度積み上げて生産効率を担保するとともに、在庫を抱えて廃棄するようなことにもつながらない仕組みにしているのだ。

「こんな風に受注の現状まで透明化しているんですよ。無駄なものは作らない、という姿勢が徹底してますよね。こういうやり方もありかな、と思います」と、下田さんは話す。

広がる「透明性」の流れ

前述のように、アパレル業界で「透明性」の流れは少しずつ広がっている。

もともと下田さんたちが触発されたのは、米国のアパレル企業「エバーレーン」だ。２０１１年にサンフランシスコでオンライン限定でスタートした。「最高品質、エシカルな工場、徹底した透明性」を掲げ、商品ごとに縫製や輸送などにかかったコストのほか、製造工場の名前や所在地、従業員数なども米国サイトで公表している。２０１９年２月には日本語サイトもオープンした（ただ開設時点では原価は公表されていない）。

日本の先駆者は、熊本で２０１２年に創業した企業のブランド「ファクトリエ」だ。

ここも販売はインターネット上のみ。東京や名古屋などに3店舗、海外にも2店舗を開くが、店では服は売らず、サンプルを試着してもらうだけのスペースにしている。10YCのように製造コストまでは公表していないが、服のタグに、直接契約する国内の製造工場の名前を「factelier by 工場名」というようにプリントする。従来のアパレル流通では、「希望小売価格」から工場に支払う加工賃などのコストを逆算することが主流だったが、ファクトリエでは、工場が製造原価を決める。商品価格はその2倍以下にこれまで抑えられてきた。セールもしない。

こうした新しい流れを見てみると、透明性と、中間業者を通さないビジネスのあり方はいずれもセットになっていることが分かる。消費者に対して、値段の理由はもちろん、その商品の由来や商品作りに関わった人たちの思い、働き方をきちんと把握して「説明できる」ようにしたい。そういった考え方を反映しているのだろう。

インターネット技術の進歩によって、大企業だけでなく個人商店であっても、こうしたビジネスのあり方は可能になってきている。服作りの透明性を多くの消費者が「価値」ととらえるようになれば、大量廃棄や生産現場の労働環境といったアパレル産業で起きている問題が解決に向けて動き出す、大きな力になると私は思う。

2　解決策②　テクノロジーを徹底活用する

文・仲村和代

中国はすごい

無駄をなくすために、何ができるのか。新しい技術にその「答え」を見いだした会社もある。

「オンワードパーソナルスタイル」（東京都港区）は２０１７年10月、新たなブランドを立ち上げた。「カシヤマ・ザ・スマートテーラー」。オーダーメイドのスーツのブランドだ。

ブランドを立ち上げる約１年前、オンワード樫山のメンズビジネスウェアの責任者だった関口猛さんは、新しい事業の可能性を模索するため、中国の工場を訪問した。目の当たりにしたのが、中国の工場の設備、仕組みのレベルの高さだ。

「中国は国策としてアパレル工場に投資しており、日本の工場より進んでいる。とにかく早くやらないと、取り返しのつかないことになると思いました」

そこで乗り出したのが、オーダーメイドのブランドだ。

それまでも、オンワードパーソナルスタイルでは路面店や訪問販売などいくつかオーダーメイド事業を手がけていたが、プラットフォームをまとめ、新たなブランドとして統一することにした。

こだわったのは「速さ」だ。採寸からたった1週間で手元に届けられるよう、工程を徹底的に見直した。

「10日でもだめ。週末に買い物に行って、既製服のスーツでもすそを直したりすれば、手元に届くのは次の週になる。それと同じ感覚で買ってもらえるよう、翌週の週末には届くようにしたかった」

しかも、国内からではなく、中国・大連の工場から届くというから驚きだ。ある専門家は、工場にも足を運び、現場の状況をよく知るメーカーだからこそ実現できた、と評価した。

この速さを支えるのが、IT技術だ。

これまで、オーダースーツを作るには、採寸したデータを手で紙に書き込み、それを工場にファックスで送るのが一般的だった。工場では、週明けに数日かかって、そのデータを入力しなおし、パターンを作り始めていた。

ところが、ＩＴの力を借りれば、お店でデータを入力すればパターンが作られ、翌朝には生産が始まる。大連の工場で作られた製品は飛行機で送られてくる。スーツの風合いを損なわずに圧縮できる独自の方法を採用し、輸送費を抑えることに成功した。

採寸のための店舗は、直営店が14店舗、完全予約制でスタッフは常駐せず、予約があるときのみ運営するガイドショップが25店舗（２０１９年2月末時点）。既製服の店舗なら、一等地の目立つところに構えるのが一般的だが、ガイドショップは、ビルの8階など家賃の安いところに構えた。それでも、ネットで情報を仕入れて訪れる客にとっては不都合はない。また、予約の入った時だけ人を派遣すればよいので、人件費も抑えられる。

こうして様々な形でコスト削減を実現し、オーダーメイドで上下３万円からという価格を実現した。デザインや生地、ボタンも選ぶことができる。

注文を受けた分だけを作るので、当然ながらロスが少ない。客にとっても自分の体に合った商品を選ぶことができる。原価率も高いため、「お得感」もある。

２０１８年度の売り上げは約37億円、約５万４０００着販売の見通しという。

過剰在庫は出さない

アパレルに関わる人たちは、もともとファッションや服が好きな人たちがほとんどだ。せっかく作った服が大量に捨てられていく現実に、心を痛めないはずはない。

井上聖子さんは、学者を志し、大学院まで進んで哲学を学んだ後、大好きな服に関わりたいと服飾の専門学校で学び直したという、異色の経歴の持ち主だ。テレビ番組のスタイリストを経て2014年、オーダーメイドでフォーマルウェアを作る会社「Ｄｒｅｓｓ　Ｗｉｓｄｏｍ」を設立した。

井上さんは専門学校で卒業をひかえていたころ、ある先生からこんな言葉をかけられたという。

「日本では、年間8億枚の洋服が新品のまま廃棄されています。皆さんがこれから服飾の仕事に就くにあたって、この事実を忘れないでほしい」

井上さんにとって、その衝撃は大きかった。専門学校で学び始めたころ、一番苦労したのが、縫製の技術の習得だった。頭の中ではどうすればいいか理解できていても、実際に手を動かしてミシンと生地を操るのは簡単ではなかった。なかなか思い通りには仕上がらず、ほんの小さな粗でもやり直しを命じられた。プロの技術の高さを思い知らされたという。そうやって苦労しながら仕上げられた商品が、消費者の手に渡ることすらないまま、捨てられてしまう現実。「いつか何かしなければ」と心に誓った。

自身がブランドを立ち上げた際は、「過剰在庫は出さない」という初心を守るため、オーダーメイドとレンタル市場で製品を展開することにした。だが、業界で働いていれば、いやでも過剰在庫の現実を目の当たりにすることになる。中には縫製工場から出荷された後、段ボール箱から出されることすらないまま、捨てられていくものもあった。

「いつか」の思いが動き始めたのは２０１８年になってから。途上国での大量生産や、外国人技能実習生の違法労働といった、アパレルの製造現場の過酷さは常態化しており、思いはいよいよ強くなっていた。井上さんは、こうした過剰在庫を引き取り、必要としてくれる人のもとに届けるプロジェクトを始めた。年会費を募り、会員向けに格安で販売する仕組みで、売り上げはチャリティーに使われる非営利活動だ。

ここでも、インターネットの力が発揮された。クラウドファンディングの形で資金を募ったところ、２カ月間で３００人以上が支援を申し出たのだ。集まった資金は２４０万円を超えた。

クラウドファンディングのサイトには、この企画を応援する人たちの思いが書き込まれている。

「廃棄される衣料品が、一枚でも少なくなると、良いと思います。微力では有りますが、私が入るサイズが有ったら、購入したいと思っています」

「衣類の作り手の想いを大切にしたい活動に、少しでも手伝いができるのが嬉しいです」

「洋服好きの1人として廃棄されてる現状に心痛みます。支援に参加することで、少しでもお力になれたら嬉しいです」

2018年6月、実際にサイトでの販売が始まった。サイトは会員だけが閲覧できるクローズドにした。ブランドの本来の価値を損なわないように、という配慮だ。「売れ残った服は、『ロス』というよりは立派な資産。生かす場がうまく見つかっていないだけなんです」。大量廃棄をなくすためには、チャリティー販売という仕組みについて、アパレル業界の理解を得ることが不可欠と考えている。さらに、地方自治体と協同し、児童養護施設などで在庫品を活用してもらうなど、新たな展開も生まれている。

井上さんの目標は、このプロジェクトを通じて関心を広げ、アパレル業界全体にも動きを広げていくことだ。「捨てないことがブランドの姿勢として評価される時代」が来る日まで。

無駄の裏には、無理がある

衣食住。人間の生活の基本を示す言葉で、一番最初に来るのが服だ。それだけ、日本の歴史の中で大切にされてきた、ということの表れだろう。

「食」や「住」の問題と比べると、「衣」は寒さや暑さをしのげて、清潔さを保つことさえできれば、あとは自分自身の楽しみや、周りとの調和などマナーの範疇としてとらえられる部分が大きい。

だからこそ、文化との関わりも深く、奥深さもあるのだが、健康問題に直結する食や、暮らしやすさや利便性にかかわる住の問題と比べると、個人の趣味の問題としてとらえられがちだ。

だが、その生産の仕組みにまで目を向ければ、「衣」は働く人たちの健康問題や、地球規模の環境問題とも深く関わっている。無駄の裏には、無理がある。どんなに服が美しくても、製造過程で人権を踏みにじるようなことが起きていれば、台無しだ。

手探りでアパレル業界の廃棄問題の取材を始めて1年ほど経った。現場で危機感を感じ、動き始めた人たちの姿が、取材を続けていく原動力になった。こうした人たちを支えるために、欠かせないのは消費者の声だ。透明性を高め、誰かを犠牲にしない生産の仕組みを作っていくために、「私たちは、知りたい」という声を、届け続けたい。

第2部　コンビニ・食品業界編

第5章——誰もが毎日お茶碗1杯のご飯を捨てている

1　恵方巻きという作られた「伝統」

文・仲村和代

2月3日、午後3時過ぎの風景

500リットルの赤い容器にぎっしり詰め込まれた「廃棄食品」が、工場には入りきらず、搬入口の外までいくつも並べられていた。細長く切られたキュウリ。きれいな長細い形の黄色い卵焼き。ソーセージのように見えた赤く長細いものは、マグロのたたきだった。ご飯とのりが混ざり合い、崩れた恵方巻きと思われるものもある。

もったいない。頭に浮かんだのはそのシンプルなフレーズだった。

2018年2月3日、節分の日。私（仲村）は、神奈川県相模原市にある日本フードエコロジーセンターの工場を訪れた。首都圏の消費者向けの食品工場が立ち並ぶ一角にある工場までは、都心からは電車を乗り継いで1時間半ほど。2005年に立ち上げた会社が母体で、獣医師でもある高橋巧一社長が「食品ロスを減らしたい」という熱い思いで、食品リサイクルの環を広げてきた。この工場には、食品工場やスーパーなどから、売り物にはならなくなった食材が運び込まれる。午後3時を過ぎ、コンビニやスーパーではまだ、熱い「恵方巻き」商戦が続いていたが、すでに廃棄する品が持ち込まれ始めている、と聞いていた。

現場に着くまでは、半信半疑だった。恵方巻きについてはすでに数年前から、コンビニのアルバイト店員たちが「ノルマが大変」と訴えたり、スーパーで大量に廃棄されている様子を写真で投稿したりして、注目を集めていた。当然、消費者の批判の矛先は運営側へと向かう。その声が届いていないはずはないし、多少なりとも気にするだろうから、同じような事態が起こらないように気をつけるのではないか、と思ったからだ。実際、前の年と比べると、「ノルマ」についての投稿は減っているように見えた。廃棄が出るのを望んでいるわけでは決してないのだが、無駄足になる可能性もあるのでは、と思っていた。

だが、その「期待」は裏切られる。節分当日の夕方にもかかわらず、すでに恵方巻きの残骸や、その食材でいっぱいになった容器が並べられていたからだ。

この日、高橋社長はあいにく出張中で、案内をしてくれたのは総務部課長の高原淳さんだ。「普段のご飯ものと比べると、2倍くらいの量ですね。毎年、この時期になると、恵方巻き関連の食材が増えます」という。

捨てられた食べ物が集まる場所ということで、ある程度においがするのだろうと覚悟していた。だが、予想に反し、ひんやりとした工場の中は酢のようなにおいがほんのりと漂う程度で、腐臭は全くしない。それもそのはず、考えてみると、ここに持ち込まれるのは、腐った食べ物ではない。まだ食べられるのに、工場や店の側の事情で商品としては売れなくなった品だ。家庭で出る生ごみとは全く違い、新鮮さを保っているのだ。廃棄物といえば廃棄物だが、中には食材と呼んでいい品もたくさん交じっている。

恵方巻きが豚の飼料になる

巨大な容器に入った恵方巻きの残骸は、フォークリフトで持ち上げられ、どどどど、と裁断機に流れ込む。容器に残った食材に水をかけ、全てを落とす。私は2階部分から見下ろす形でその様子を見ていたのだが、水圧は強く、かなりの重労働であることがうかがえる。裁断機のカッターに飲み込まれ、食材はあっという間に原型をとどめない状態になった。さらに、その「食材」――と呼んでいいかもはやわからなくなった物体が、ベルトコンベアで流れていく。プラスチックや割り箸、タバコなどの異物が混入していないかの選別は人力だ。

この工場は365日稼働しており、こうして集められた食品廃棄物を、独自の技術で殺菌・発酵させ、「エコフィード」と呼ばれる豚の液体飼料として生まれ変わらせる。夏場でも10日から2週間は腐敗せず、乾燥させて固形飼料にするよりエネルギーと二酸化炭素排出量を大きく削減できるという。取引先は、食品メーカーやスーパーなどの180カ所以上。1日35トンが持ち込まれ、これが約42トンの飼料になる。廃棄物処理費用と、飼料の販売代金が、事業収入になっている。

できあがった飼料を見せてもらった。茶色いどろどろの物体で、発酵しているため、ヨーグルトのような酸っぱいにおいが漂う。

この飼料を食べた豚がブランド豚として、スーパーやデパートなどで売られている。付加価値のある豚肉の生産まで結びつけることで、循環の環を作りだしている。持続可能なビジネスのモデルとして注目され、環境にかかわる様々な賞を受賞。消費者団体や学校などから見学者が次々に訪れる。

高橋社長は、見学者たちが工場に持ち込まれた大量の食べ物に「もったいない」と漏らすと、「このパンの小麦やエビを日本が調達するために、海外では木々が伐採され、大量の水が使われているんです」と伝えるようにしているという。

「いますぐ食べられるようなものが大量廃棄される現場を目の当たりにすると、生産や流通の仕組みをもう少し見直して、消費者も食品ロスの問題を意識すべきではないかと思わざるを得ません」

フードエコロジーセンターの取材を終えた帰り道、夕方のスーパーに寄ってみた。普段、総菜が置かれているコーナーは恵方巻きで埋まっている。レジに並ぶ買い物客のかごを見てみると、8割ほどの人が恵方巻きを入れていて、ここまで浸透しているのか、と少し意外な気もした。とはいえ、閉店まではあと2時間ほどで、全ての商品をさばけるとは思えない。さらに、まだ陳列されていないものがワゴンに乗せられて待機していた。

捨てられるのもしのびないので、夕飯の足しに一つくらいは買って帰ろうかと、品定めした。だが、結局、一つも買わなかった。3歳だった長男は、刺し身が大好きだが、卵と乳のアレルギーがあった。たくさんの種類が売られているのに、いずれも卵や乳を原料として使っていて、長男が食べられるものはなかったからだ。駅からの帰り道、コンビニも3店ほどのぞいてみると、やはりたくさんの恵方巻きが置かれていたが、同じように長男が食べられるものは置いていなかった。「これだけの種類があるんだから、一つくらい、アレルギー対応のものがあるといいのにな」と、少し疎外感を感じながら、帰路についた。うちの食卓には、恵方巻きは登場しなかった。

結局、この工場の廃棄品の状況は例年とほぼ変わらなかった。節分の翌日からは、商品として一度店頭に並び、売れ残ったと思われる恵方巻きそのものも大量に持ち込まれたという。

恵方巻きノルマ問題

そもそも、なぜ私が恵方巻きの廃棄問題を取材しようと思ったか。そのきっかけは、さらに１年前、２０１７年にさかのぼる。

17年２月10日、朝日新聞の声欄に、元コンビニの経営者の投稿が掲載された。全国ＦＣ加盟店協会副会長を務める近藤菊郎さんが書いたもので、コンビニでアルバイト店員などに恵方巻きの販売ノルマが課されているという問題に言及したものだった。次のような内容だった。

コンビニのアルバイトに恵方巻きのノルマを課した問題で批判を浴びているコンビニ業界。その多くはフランチャイズ（ＦＣ）だ。アルバイトにノルマを課すことや自爆買いを強要することはオーナーとしてあってはならないことだが、ＦＣ本部も責任がある

のではないか。

元コンビニオーナーとしての経験からいえば、恵方巻きやクリスマスケーキといった季節商品は本部主導で発注目標を設定する。無理な数字でも、本部は「他店はこれくらい発注している」「前年割れは困る」とごり押しする。目標を達成せよと指導し、それ専用の棒グラフも各店に配布する。

問題は店のオーナーが拒否できないことだ。抗議すれば「従順でない」とみなされ、契約更新拒絶の材料にされかねないので渋々従う。結果、オーナーは本部、従業員、利用者からの厳しい視線にさらされる。三重苦だ。

なのに、ノルマ問題が出る度に「加盟店に指導している」といったコメントを出す本部の厚かましさ。本部こそ猛省するべきだ。国は加盟店保護の立場で実態を解明し、適切な指導をしてほしい。

サービス過剰社会・日本

私も、ＳＮＳでコンビニのアルバイト店員が「恵方巻きのノルマを課された」と写真付きで投稿し、反響を呼んでいるのは目にしていた。２０１２年にコールセンターの実情についいて取材して以来、日本のサービス業のあり方について、ずっと考え続けてきた。日本はとてもサービスが行き届いた社会だが、裏返せばサービス業に従事する人への要求水準が非常に高い。「お客様は神様」という言葉が一人歩きし、客の理不尽な要求がまかりとおってしまうこともある。長時間労働や過労死といった問題も、サービス競争の末路ととらえられるのでは、と感じていた。

働き方の問題について取材を進めるうち、24時間営業のあり方についても避けて通れないと思うようになっていた。客の立場からすれば、品ぞろえのよい店が24時間開いているなんて、ありがたいことこの上ない。だが、それを実現するために、犠牲になっている人もいるのではないか。その流れを広げてきたのがコンビニだ。

近藤さんにこうした問題意識を伝えると、快く取材に応じてくれることになった。

近藤さんは元々サラリーマンだったが、独立を考えるようになり、コンビニ経営を目指した。いくつかの店で従業員として働きながら勉強をし、２００１年に神奈川県内でコンビニ経営を始めた。

経営を始めてみると、納得のいかないことが多かった。オーナーは、経営者ではあるが、実際は本部の方針に逆らうことができない仕組みになっている。だが、労働者としては守られていない。

たとえば、近藤さんとしては自分が生活できるくらいの収入があれば十分と考えており、客の入りの少ない深夜は閉店したいと訴えても、全く受け入れられなかった。廃棄の多さに疑問を感じ、テレビの取材を受けたところ、本部から「許可なく取材を受けた」と始末書を求められ、次の契約打ち切りをちらつかされた。フランチャイズのオーナーにとって、契約打ち切りは収入を断たれることを意味する。

経営環境の改善のため、本部に意見を言い続けた近藤さんは、2013年8月で「契約満了」となり、コンビニの経営権を失った。

「ノルマ」と「従業員の戦力化」

経営していた時代を振り返り、近藤さんが最も理不尽なこととして振り返ったのが、季節商品の「ノルマ」の問題だ。クリスマスケーキやおせち、お歳暮、お中元、恵方巻きは、五大主力商品で、予約獲得に向け、大きな圧力がかかるという。

「初年度は、オーナーの側もよくわからないから、本部から来る担当の社員が提示した数を入荷します。恵方巻きなら、100本とか。でも、その目標設定自体に無理があるから、実際には半分も売れない。やむなく、オーナーが一部買い取ったりもします。すると、その次の年は、前年の実売ではなく、発注の実績を元に、目標が設定される。もちろんそのままではなく、1割とか2割とか、数字を上乗せするように言われます。でも、そもそも前年も売れたわけじゃないんだから、売れるわけがない。そういう話をしても、社員からは『頑張って下さい』『とにかく入れてくれ』と言われてしまう。社員にしても、上司からの圧力がかかっていて、彼らも権限がないんです」

　こうした時、使われるのは「従業員の戦力化」という言葉だ。ノルマではなく、あくまでも店側が自発的に取り組んでいるという形がとられる。最後まで、本部は店側に「お願いしている」という表現にとどめるが、拒否すれば次の契約打ち切りをちらつかせる。

　ネットでは、アルバイト店員にまで買わせている実態が投稿されていたが、「バイトにまで割り振るかどうかは、オーナー次第」と近藤さんはいう。

「本部の社員も、『僕も10本買いますから』という形でやっている。大半のオーナーは、泣く泣く受け入れています。僕みたいに、ものを言うオーナーの担当になってしまったら、社員の方も大変だったでしょうね」と、近藤さんは苦笑いした。

　恵方巻きの起源については諸説あるが、関西発祥の風習で、1990年代にコンビニエンストアが全国規模でキャンペーンを始め、全国に広まったといわれている。太巻きを、その年の「恵方」の方角を向いて無言で1本食べ終えると縁起がいい、とされている。私が初めて耳にしたのは京都で過ごした学生時代で、地元出身の友人たちは「うちでは前からやってたで」と話していた。ただ、そのころは自分の家で作って食べる人が多く、どこのスーパーやコンビニでも売っているような状況ではなかったと記憶している。

だが、いつの間にか、正月を過ぎるとコンビニでは予約の受け付けが始まり、スーパーでもデパートでも、独自の商品を毎年大々的に売り出すようになった。

朝日新聞の記事データベースで調べてみると、「恵方巻き」という言葉が最初に登場するのは2002年、福岡県版の小さな記事だ。その後、各地の地方版や経済面などで取り上げられるようになり、季節の風物詩として定着していったことがうかがえる。記者としての経験から考えると、こうした「新しい伝統」にも目を配り、取り上げることは、感度の良さとして評価されたであろう、と思う。

だが、恵方巻きによってノルマに苦しめられ、さらに大量に捨てられる事態まで起きているとなれば、「福を呼ぶ」どころか、随分罰当たりな話だ。「ま、これだけ売っているんだから、ご飯代わりに一つくらい買っとくか」という気分で買うことはあったが、裏側にこんな現実が待っていたとすれば、なんとも後味が悪い。マスコミの側にいる立場としては、商戦の過熱に加担したことへの反省もこめて、実態を知らせることができればと思ったのだ。

「ノルマはありません」

2018年の年明けごろから、私はSNSに無理な販売方法を強いられた人たちの声が出てくるのではと、ウォッチしていた。だが、前の年と比べると、そうした書き込みは減っていた。

コンビニでは相変わらず、恵方巻きの予約を募るポスターが張り出されており、店側に前年から上乗せした売上目標が課される状況が変わったとは思えない。可能性として考えられるのは、本部の側がSNSへ投稿しないよう呼びかけているのではないか、ということだ。

コンビニで働く人たちにも話を聞いてみた。千葉県のコンビニで働く大学生は、「ノルマを課されたことはない」と話した。コンビニは団地の中にあって競合する店も周りにないため、さほどの販売努力をしなくても、商品は売れるのだという。オーナーはいくつか店を経営しており、他の店で売れ残った品が回ってくることもあるが、そういったものも順調に売れることが多い、ということだった。

神奈川県のコンビニでアルバイトをしたことのある大学生は、その前の年、恵方巻きが大量に売れ残っていて、店長から「残ってるんだけど買っていかない？」と声をかけられたが、強制されるようなことはなかったという。クリスマスケーキの時も同様だった。この時、店長とマネジャーの2人は、5～6個余ったケーキを買い取り、「食べきれないから」と一つくれたという。「マネジャーが、地区ごとに売り上げを競っていて、地域担当の社員から、自分で買ってでも売り上げを伸ばすように言われていると話していた」と証言した。

パート店員として10年以上働き、一時は店長を任されていたこともあるという70代の女性は、「恵方巻きに力を入れ始めたのは、7～8年前から。5～6年前からはすごく火がついた」と話した。ノルマというほどではないが、客にチラシを配って勧めることはしている。「最近は、コンビニの恵方巻きもわりとおいしいのでね。1回、試してみていただけますかという感じでお声かけはするようにしている」という。「別の系列のコンビニだと、ノルマが厳しくて大変、という話を聞いたことがあります。でも、それじゃ何のためにやってるのかわからないですよね」と漏らした。

元コンビニオーナーの近藤さんが話したとおり、「ノルマ」のさばき方は、コンビニによっても大きな差があるようだ。

大手コンビニ正社員の証言

つてをたどって探していたところ、恵方巻きのノルマについて証言してもいい、という人をようやく見つけることができた。大手コンビニの正社員で、転勤で西日本の店舗に勤務しているという。

この店では、前の年に２００本しか売れていないのに、その5倍の１０００本という目標が課された。普段、店で売れるのは1日8本程度で、イベントがあるときなどでようやく１００本売れるかどうか。「とてもさばけるとは思えない」と話した。店舗のバックヤードに貼られた予約獲得のグラフの写真も送られてきた。８人の店員の名前と、いくつ予約が取れたかの数字が書き込まれたものだ。多い人は50本以上、少ない人は10本余り。予約以外で売れる分はいくらかあるとしても、１人１００本以上は予約を取らないと、売り切れない計算だ。上司からは、「目標達成がうまくいかないと転勤だぞ」と言われることもあるという。

「こんなにたくさんの量を売り切れるわけがない。お客さんに喜んでもらえる仕事をしたくて入社したのに、社員の自己満足のために仕事をさせられるのはむなしい」。仕事の合間を縫って「15分だけなら」と取材に応じてくれた電話口で、まだ20代だという社員は嘆いた。

結局、どうなったのか。節分の日が終わった後、改めて話を聞いた。

仕入れた1000本のうち、4割も売れなかった。この社員は、40本を自腹で購入。それでも売れ残って廃棄した品の金額は18万円にのぼったという。箱に入れられた40本の恵方巻きの写真も送られて来た。

大手コンビニはノルマを否定

なぜ、こんな売り方をするのか。大手コンビニのセブンイレブン、ファミリーマート、ローソンの各社にも取材を申し込んだが、いずれも「ノルマ」自体を否定した。廃棄の量について も、把握できないといった理由で答えてもらえなかった。そもそも、販売数も公表していなかった。

私は漠然と、コンビニやスーパーはもっと厳密に商品管理をしているものだと思っていた。コンビニでは特に、地域性や時間帯なども考慮し、どの商品がいつごろ売れるのかを予測しているのは素人目にもわかる。弁当など日持ちのしない食品は、1日に何度も搬入され、昼時を過ぎれば棚は一度空《から》になる。IT技術も発達し、ビッグデータを元にした予測はより精密にできるようになっているはずだ。なのに、なぜこれほど大量に食品を余らせるような発注の仕方をするのか、不思議で仕方がなかった。

コンビニの事情に詳しいある関係者は、コンビニ独自の会計の仕組みが背景にあるのではないか、と指摘した。詳しくは後述するが、コンビニの場合、仕入れた商品が売れまいが、店側がその仕入れ値を負担することになっている。つまり、実質的には買い取っており、廃棄することになっても、本部の損失にはならない。コンビニの売り上げは立地に左右される部分が大きいが、季節商品は一つのイベントとしてのカンフル剤になる、というわけだ。

恵方巻きはコミュニケーション⁉

コンビニの本部にいる人に取材するのは無理でも、少し距離のある人ならば、問題意識を共有できるのではないか。そう思い、大手コンビニで働いた後、大学教授に転身した人にも話を聞きに行ってみた。ところが、この大学教授はまず最初に、「結論から言うと、恵方巻きの廃棄はしていない。ネットではおもしろおかしく言っているだけだ」と言い切った。

「コンビニは、お店の負担で発注した分が納品される。店側が売るつもりでないものを発注するわけがない。したがって、売れ残るわけがない」というのがその理屈だ。「そもそも、恵方巻きは単価が安く、売り上げが増えたところでたかが知れている。たかだか恵方巻きを売るためにそこまで無理をしても、何のメリットもない」とも言う。

では、何のためにここまで恵方巻きの販売に力を入れるのか。その教授は、「お客様とのコミュニケーションのため」だという。「お客様の幸せを願って、福を呼ぶ商品をおすすめしよう、というのが元々のコンセプトなんです。『今年の恵方はこっちですよ』と、会話が生まれる。何本売れたかが大切じゃなく、そのプロセスが大切なんです。本来、ものを売るということは結果にすぎず、お客様に喜んでいただくことが目標。実際、社内では手作りのモニュメントを作ってお声かけし、生き生きと工夫しているお店の話が共有されていますよ」

コンビニといえば、会話もなく、自分でほしい商品を選んで買うだけの場所だと思いこんでいたので、働く人たちのこんな思いを知らなかったことに、申し訳ない気持ちも抱いた。だが、現実として、過大な目標を課せられ、買い取りまでして目標を達成する人たちはいる。大量に捨てられているのも事実だ。

こうした点をどう考えるのか。繰り返し問い続けると、教授はようやく、「一部の店ではあるかもしれない。だけど、レアケース」とした上で、「そうしたことが起こるのは問題のある店舗だ」という。劣等生だからけしからん、と言わんばかりの口ぶりだ。

「どんな商品でも、目標管理は行う。恵方巻きは予約商品なので、ノルマというより目標は決めているでしょう。バイトも社員も、『今年はこれだけがんばっていこう』と声をかけあう。それを、ノルマと勘違いしてしまう人もいるのかもしれません。

恵方巻きが売り出された当初と比べて、いろんな店で売り出されるようになり、売りにくくなっているのは事実。お客様に福をお分けするという、当初のコンセプトが、時間が経つにつれて現場レベルでは薄れてきているところもあるのかもしれません。そういう気持ちがなければ、ただの作業になってしまいますからね。１９９０年代は、お店の人たちもパワーがあって、『自分たちでイベントを成功させよう、広げていこう』というムードがあったんですが、そういうものが失われているのだとすれば残念です。

でも、いまでも私はあちこちの店舗を回っていますが、自分で販売計画を作って思いを込めて、自分でモニュメントを作ってみようとか、生き生きと働いている人もいっぱいいる。それがコンビニの底力なんです。いいお店では、一体感が形成されていて、押しつけなくたって従業員は目標に向かって、自分の意思で買っていくものなのです」

たしかに、オーナーと従業員が一体となり、地域の応援も得て、恵方巻きの売り上げを伸ばすことに成功している店もある。だが、こうした理念は二の次で、「一体感」の名の下に、望んでいない従業員まで買い取らされている店があることも事実だ。自腹を切ってまで商品を買い、目標を達成するのでは、ブラック企業と呼ばれても仕方がない。しかも、コンビニのアルバイト店員は深夜をのぞけば、ほとんどが最低賃金ぎりぎりで働いているのだ。単にレジを打っていればいいわけではなく、宅配便から公共料金の受け付け、商品搬入、総菜作りなどに加えて、最近はコーヒーなど新しいサービスも次々に加わり、アルバイト店員といえどもこなさなければならない業務が膨大になっていると聞く。さらに社員並みの「目標管理」を負わせるなど、いくらなんでも負担が大きすぎるのではないだろうか。

この点についても聞いてみたが、教授は社内で表彰された店の「美談」を持ち出してその意義を強調するばかりで、最後までかみあわなかった。

本部の中枢にいる人たちは、仮にノルマについての話が出てきても、こんな風に「できの悪い店で起きている問題」として片付けているのかもしれない。

私も、コンビニの恩恵を日々受けている。取材先や旅行先で足りないものがあったとき、駆け込むことは多いし、特に独身のころは夜遅くでも開いていることが安心感をもたらしてくれた。でも、働く人に無理を重ねるような仕組みで成り立っているのだとすれば、利用するにも後ろめたさが生じる。

人々の生活に不可欠のものとなり、重宝されているコンビニ。それでもまだ、右肩上がりを狙わなければ、このグローバル化の時代には生き残っていけないものなのだろうか。

なぜ恵方巻きだけが悪いのか

この年、私が書いた恵方巻きの廃棄と自腹購入について問題提起する記事は、節分の夜、朝日新聞デジタル版で配信された。どんな反応が来るのか不安だったが、反響は予想をはるかに超えたものだった。恵方巻きがカッターに飲み込まれていく動画のインパクトが大きかったようで、ＳＮＳでもかなり拡散され、複数のテレビ局から映像提供の依頼も来た。

この反響が、廃棄をなくすことにつながるのか。気になっていた私は、翌２０１９年も後輩記者とともに恵方巻き問題を取材した。少し変化が出始めていた。農林水産省が１月中旬、日本スーパーマーケット協会や日本フランチャイズチェーン協会などに、「貴重な食料資源の有効活用」のため需要に見合った販売をするよう文書で呼びかけたのだ。大学生が「恵方巻きロス」を「えほロス」と名付け、廃棄をなくすためのネットでの署名活動も実施した。日本フードエコロジーセンターでも、持ち込まれた量は例年よりは少し減った。だが、テレビ局が節分前から特集を組むような状況だったため、この工場に持ち込む分が減らされただけ、という可能性も否定できない。実際、食品ロス問題に長く取り組むジャーナリスト、井出留美さんが大学生たちとスーパーやデパート、コンビニを閉店間際に調査したところ、多いところでは500本近くが売れ残っていたという。井出さんは「例年とあまり変わらなかったのではないか」と分析した。

とあるコンビニの関係者によると、恵方巻きの廃棄問題が注目されたことで、同年はチェーン全体の売り上げが1～2割減った。この関係者は、「実際は普段のおにぎりもロスは大して変わらないのに、なぜ恵方巻きだけ狙いうちされるのか」とも漏らした。

たしかにそうだ。問題は恵方巻きだけではない。

食品ロスは日々繰り返されている。クリスマスケーキなどの季節商品でも起きている。私が恵方巻きに焦点を絞ることにしたのは、これまで書いてきたように、労働やサービス業全体の問題が絡んでいることに加え、新しいキャンペーンによって生み出された「作られた習慣」であるからだ。生活必需品というわけではなく、読者が「もったいない」感覚を共有しやすいのでは、という狙いがあった。センセーショナリズムと批判されるかもしれないが、関心を集めて読んでもらわなければ、問題は解決に向かわない。ただ、「恵方巻きたたき」

にならないよう、食品ロスそのものについても問題提起するように心がけた。読者の多くは、こうしたメッセージを受け取ってくれたと思う。

「三方よし」と「ほどほど」

ＳＤＧｓについての取材を始めてから、たびたび「三方《さんぽう》よし」という言葉を耳にするようになった。昔の近江商人たちの心得で、売り手、買い手、世間の三つが満足し、社会貢献できるのがよい商売だ、という考え方だという。ＳＤＧｓの理念もこれに近いのではないか、というのだ。グローバル化の時代にも、いや、そういう時代だからこそ、この理念は大切だと思う。

無理をして成長するのではなく、「ほどほど」で分け合うような姿勢があれば、恵方巻きが大量に捨てられるようなことは起きないはずだ。それは、働く人にとっても優しい選択肢になるに違いない。

では、私たち消費者はどうだろう。あるコンビニオーナーは、こんな話をしてくれた。

「おにぎりの棚が薄くなっている時、お客さんから『これだけしかないのか』と苦情をいわれたことがある。その人が買うのはどうせ一つか二つで、梅とおかかみたいなオーソドックスなものだとしても、『たくさんの中から選ぶ』ことが当たり前になっていて、それができないと不満を感じる消費者も少なからずいるんです。そういう消費者の気持ちを満たすために、廃棄が出ることがわかっていても、いつでも多くの選択肢を準備しておくことが必要になっているんです」

たしかに、選べることは楽しい。だが、その欲求が消費者にとってどのくらい切実なものかといえば、大半の人は品切れしていることを「残念」とは思うかもしれないが、数日で忘れてしまう程度のことだろう。消費者の大半は意識すらしていないが、そんな要求に応えようと売る側が努力を重ねてきた結果、日常的に大量の食品ロスが生じるようになってしまったのだ。

そしてその背景には、小売業界の仕組みの問題もある。その構造について、詳しくは次項で紹介したい。

2　食品ロス問題専門家・井出留美さんの視点

文・藤田さつき

きっかけは3・11

食品ロスは「まだ食べられるのに、捨てられてしまう食べ物」だ。

井出留美さんはこの問題を専門に長く取材を続けてきたジャーナリストだ。ヤフーのニュースサイトに独自取材に基づいた記事を配信し、その内容は、コンビニオーナーたちの匿名座談会から、傷ついたり間引いたりしたリンゴのみで作るシードルの話題、食品の賞味期限を知らせてくれる冷蔵庫の新技術のニュースなど、とても幅広い。配信の頻度はほぼ毎日で、筆の遅い私（藤田）はいつも心から感服している。イタリアやフィリピンなど海外の現場にも取材に飛び回り、諸外国における最新の政策動向やロス削減のための取り組みにも詳しい。

そんな井出さんと私が初めて会ったのは、2016年秋だった。

「はじめに」などで書いてきたように、国谷裕子さんと私たちは翌17年1月からSDGsプロジェクトを始めた。その第1弾の記事のテーマに選んだのが、食品ロス問題だった。まずは読者により身近なテーマで伝えたい、という考えからだ。そこで食品ロス問題の最前線を知りたいと思い、現場取材に取りかかる前に井出さんへ何度か話を伺った。

当時すでに、井出さんは講演活動のため各地の大学や企業、市町村を飛び回っていて超多忙だった。その合間を縫って東京駅構内の喫茶店で取材をお願いした時には、井出さんは出張帰りでスーツケースを手に現れた。疲れていたに違いないが、その日は2時間近く取材させてもらったと記憶している。フードバンクや数々の食品の廃棄現場での取材経験について、また産業界で当時動き始めていた取り組みについて、たくさんアドバイスもいただいた。前章で紹介した、廃棄された大量の恵方巻きを受け入れてリサイクルしている工場「日本フードエコロジーセンター」も、この時に井出さんから教えてもらった。

井出さんの経歴を簡単に紹介しよう。かつては外資系食品メーカーの「日本ケロッグ」で、広報室長と栄養業務、社会貢献業務を担当していた。2011年の自身の誕生日3月11日に、東日本大震災が起こった。会社の被災地支援活動で避難所へ食料支援をした際、食べ物が全く行き渡っていないのに大量の支援食品が捨てられていた状況に直面した。この経験をきっかけに独立して、自身の事務所 office 3.11 を設立。食品ロス問題を解決するための活動に身を投じるようになった。日本初のフードバンク「セカンドハーベスト・ジャパン」で広報業務を務めた後、東京大学大学院・農学生命科学研究科で食品ロス問題について研究して修士号（農学）を取得。16年には取材や研究の成果を著書『賞味期限のウソ　食品ロスはなぜ生まれるのか』（幻冬舎）にまとめた。そして、多くの記事を発信して食品ロス問題の認知を広げたとして、18年にはヤフーニュース内の約６００人の著者から「オーサーアワード２０１８」に選ばれた。これまで社会活動家の湯浅誠さんやジャーナリスト江川紹子さんといった名だたる書き手が選ばれた賞だ。

食品ロスは、私たち一人ひとりの生活でも発生しているとても身近な問題でありながら、食品業界の商慣習や日本の季節行事もその発生源となり、その影響は地球規模の環境破壊や気候変動にもつながる。とても広がりの大きい複雑な問題でもあるのだ。日本では年間６４６万トン（15年度推計）にものぼる量が発生している。また国連食糧農業機関によると、世界では生産された食料の３分の１にあたる13億トンが毎年廃棄される一方で、９人に１人が栄養不足に苦しんでいるという。ＳＤＧｓでは問題の重大性を踏まえて「１人あたりの食品廃棄を半分に減らす」ことを２０３０年までの数値目標として掲げている。

なぜこれほどの量の食品が捨てられてしまっているのか。この項では、食品ロスが日本で生まれるからくりや社会背景について、18年10月に井出さんに改めて取材したインタビューによりお伝えしたい。

井手さんの視点①――毎日お茶碗1杯のご飯を捨てている

日本で1年間に発生する食品ロスは約646万トンにものぼります。1人あたり、お茶碗1杯のご飯を毎日捨てているという計算になります。

節分や土用の丑の日、クリスマス、バレンタイン、お正月にお花見。こうした季節行事の際には、恵方巻きや鰻などの季節食品が、小売店や食品メーカーなどの食品業界から大量に捨てられます。節分やクリスマスでは1日過ぎただけで、恵方巻きやケーキなどの商品は「売り」ではなくなるからです。

これほど頻繁に季節商品が売り出されるのは、日本が季節感を大切にするというお国柄であるのに加えて、「○○フェア」などと銘打って、販売促進のネタになるという要素が大きいと思います。私は海外にもよく取材へ行きますが、日本ほど季節商品が多い国はありません。フードバンクで働いていた時には、クリスマスケーキや冷凍された高級お節《せち》がたくさん運ばれてきました。クリスマス当日が来る前にフードバンクへ大量のケーキが運び込まれたこともあります。売り上げ予測を途中で下方修正したのかもしれません。

井手さんの視点②——販売機会ロス

どうしてこれほど大量の食品ロスが食品業界から出ているのでしょうか。大きな要因の一つは、「販売機会ロス」という考え方です。

スーパーやコンビニなどの小売店では、ある商品が売り切れると、「それを目当てとしていた客は他の店に行くか、その商品を買うことを諦めてしまう。いずれにしてもその分、店は消費者へ販売する機会を失い、不利益が生じる」という考え方を長くしてきました。これが「販売機会を失う（＝販売機会ロス）」という考え方です。

これを防ぐためには、「たくさん作って余らせて、捨てる方がまし」というマインドになります。なかには、納品が遅れたり少なかったりして欠品が生じると、ペナルティが食品メーカーなどに科されたり、取引停止につながったりするケースもあります。そうするとメーカーとしては、実績などをもとに生産計画は立てていても、万が一欠品につながらないようにバッファー分を製造しておこう、となります。そして余ってしまった食品はメーカーがコストをかけて廃棄するのです。

井手さんの視点③――「コンビニ会計」と「販売期限」

日本の食品業界に数々ある商慣習も、食品ロスを生んでいます。

コンビニでは、「コンビニ会計」と呼ばれる独特の会計方法の影響が大きいと思います。一般的なフランチャイズ契約における会計では、売り上げから仕入れ原価を差し引いた利益を、契約で定めた比率でフランチャイズオーナーと本社が分け合います（図表5－1）。しかしコンビニ会計では、売れ残って廃棄した弁当などの仕入れ原価は、利益を算出する計算から除外されます。こうすると、廃棄分が多ければ多いほど、計算上は原価が少なくなって利益が増え、コンビニ本部の取り分が増えるという現象が起こります。かたやコンビニオーナーの方は、廃棄食品の仕入れ原価を負担するため取り分が減ります。

コンビニの各店舗は本部を通じて、商品を仕入れています。私がこれまで取材させてもらったオーナーたちの話では、「販売機会ロス」と「コンビニ会計」があるために、本部はとにかく店舗に多く発注させようとするのだそうです。売れ残って廃棄すれば、値引きして見切り販売をするより本部の利益につながるからです。前年の実績以上に発注させるのは当た

図表5-1　コンビニ会計

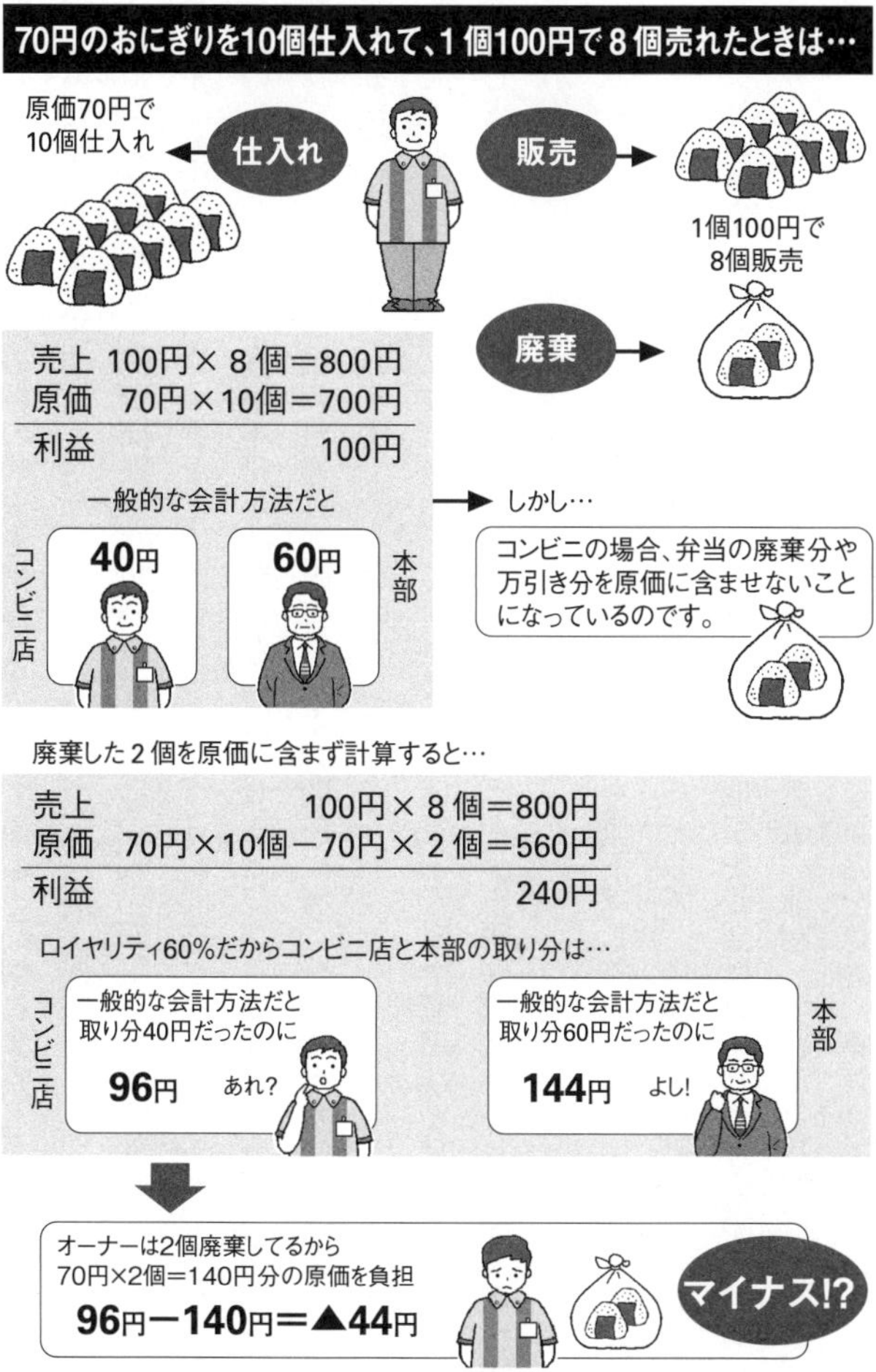

出所）参議院議員／日本共産党・辰巳孝太郎氏の資料を元に編集部作成

り前だし、本部は各店舗の棚の状況を把握していますから、品切れするとすぐに発注するよう促してくるのだそうです。

さらにコンビニでは、消費期限や賞味期限の手前に「販売期限」が設定されています。そのため多くの店で、弁当やパンなどは消費期限の2、3時間前になるとレジを通らなくなってしまいます。被災地の食料不足が問題となった2018年7月の西日本豪雨でも、道路が寸断されてコンビニへの搬入が遅れ、販売期限1時間前に店へ着いた弁当やパンをすべて廃棄せざるを得なかったというオーナーもいました。

ある人は「本部の言うままに発注して、廃棄していると、廃棄額がひと月100万円にも上ってしまう」と嘆いていました。本部が実施するオーナー研修で「ひと月の廃棄額は60万円程度が適当です」と指導された店もありました。

少しでも原価を回収するために、期限の近い食品を値下げして売る「見切り販売」という方法があります。しかしこれでは本部の取り分が減るとして、店舗へ見切り販売を制限していたコンビニ企業がありました。2009年、公正取引委員会はコンビニ最大手セブン‐イレブン・ジャパンに対し、見切り販売しないよう加盟店へ強制していたとして、排除措置命令を出しました。セブンイレブンはこれ以後、見切り販売を認め、廃棄ロス分の15パーセントを負担するようになりました。企業によって比率は異なりますが、現在は本部が15〜20パーセント程度の廃棄ロスを負担するようになっています。

ただ依然として、「見切り販売はしづらい」とオーナーたちは語ります。オーナーは本部とフランチャイズ契約を結んで加盟店と認められる「弱い立場」。契約打ち切りをちらつかされると、本部の意に沿わないことはなかなかできません。コンビニ本部によるオーナー搾取を告発する土屋トカチ監督のドキュメンタリー映画『コンビニの秘密　便利で快適な暮らしの裏で』（2017年）によると、見切り販売を実施しているコンビニはまだ全体の1パーセントにも満たないのです。でも見切り販売をしたことで、廃棄を減らすだけでなく、売り上げも年間400万円程度上がったという11店舗の損益計算書の調査結果も得ました。

ある省庁の担当者はコンビニ会計について、「我々もやめるべきだと思っているが、大手コンビニがほぼ横並びで行っている。それを変えるのはハードルが高い」と話していました。私がこれまで取材したオーナーの中には「今までどれだけの食べ物を捨ててきたのだろう」と自責の念にかられ、鬱症状で涙が止まらない人がいました。大量の食品廃棄は当然変えていかねばなりませんが、コンビニで働く人々をこれほど追い詰める「コンビニ会計」のような理不尽な上下関係は、すぐになんとかすべきです。

井手さんの視点④——不思議な「3分の1ルール」

コンビニと違って、店内厨房で多くの総菜などを調理しているスーパーでは、客の入りを見ながら商品の供給をある程度調整できます。また見切り販売もスーパーでは一般的です。ただ一方で、大量の食品ロスにつながる商慣習があります。それが「3分の1ルール」です。

この商慣習は、製造から賞味期限までの賞味期間を三つに区切り、最初の3分の1を「納品期限」、次の3分の1を「販売期限」とする、食品業界の不思議なルールです（図表5-2）。「ルール」とは言っても、法律などで定められたわけではないので、業界内の自主的な決まりのようなものです。たとえば賞味期間が6カ月のお菓子なら、メーカーや問屋は製造から2カ月以内にお菓子を小売店へ納品しなければなりません。さらに小売店は、製造から4カ月までを販売期限として、それを過ぎれば商品棚から撤去します。撤去されたお菓子は賞味期間が仮にあと2カ月弱残っていても、メーカーや問屋へ返品されるか廃棄されます。一度返品された食品はディスカウントストアなどに安く転売される場合もありますが、ほとんどは廃棄へと回されます。様々な理由でメーカーや問屋の在庫になっている間に納品期限を過ぎてしまった食品も、同様に廃棄されます。

図表5-2　3分の1ルール

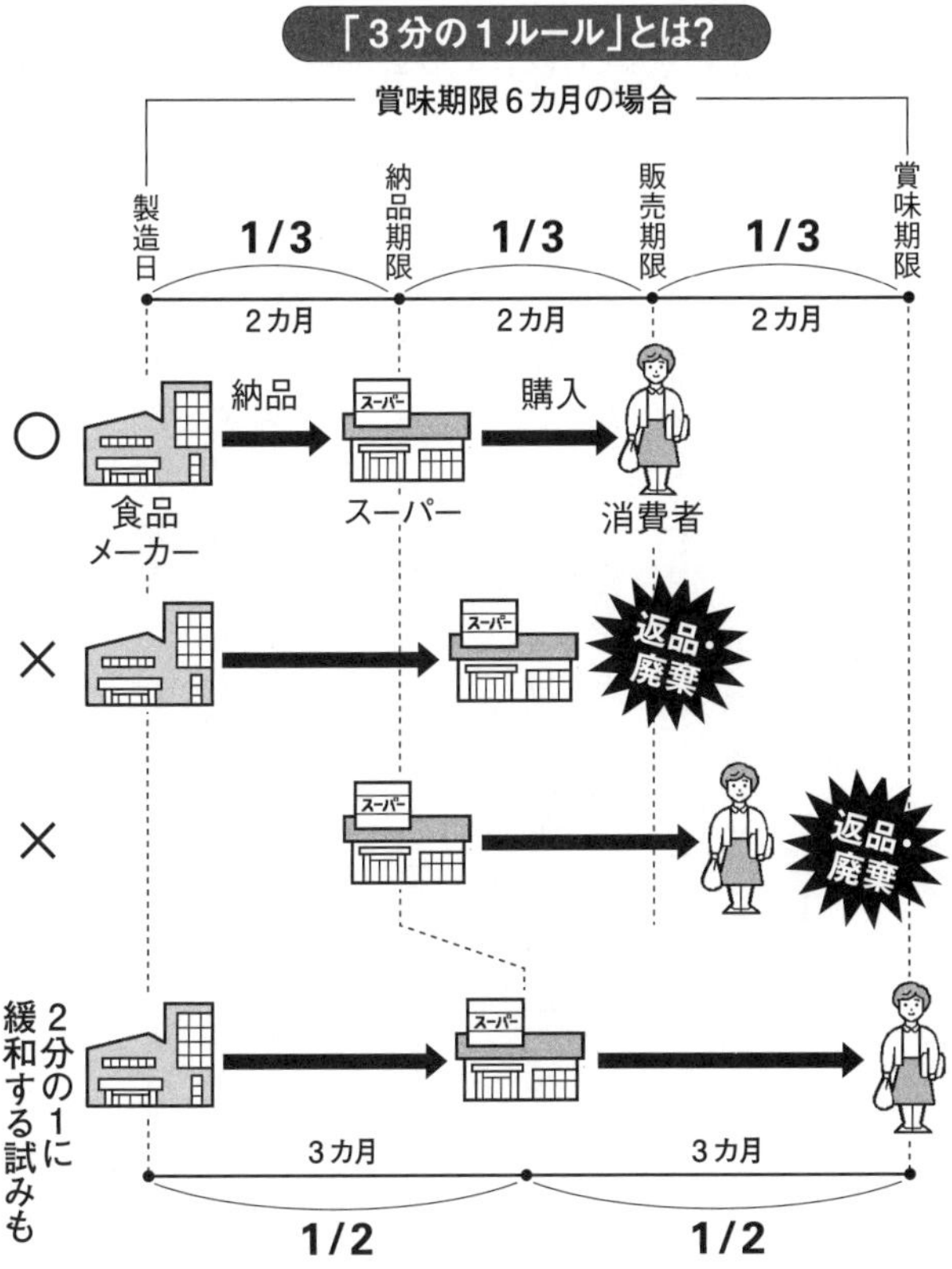

出所）朝日新聞2018年9月28日朝刊

納品期限や販売期限があるために、売られずに返品される食品は年間１２３５億円分にも上ると推計されていました（流通経済研究所による）。

海外にもこのような納品期限はありますが、日本よりだいぶ長く設定されています。たとえば米国は賞味期間の２分の１、イタリアやフランスなどのヨーロッパ諸国では３分の２、そして英国ではなんと４分の３と、日本に比べてだいぶ余裕があります。

日本の食品業界でこのようなルールができたのは、賞味期限の切れた商品が店頭に残らないように、１９９０年代にスーパーチェーンが早めに撤去しだしたのが始まりと言われています。

これは業界で作られたルールですが、私は、消費者の意識が強く反映した結果だと考えています。スーパーで牛乳や豆腐などを買うとき、棚の奥から取った経験はありませんか。スーパーでは、賞味期限が近づいている商品を前に、まだ長く残るものを奥へと並べます。「同じ値段なら新しい方を買おう」。日本では、そう考える人がとても多い。私が講演などの来場者１６２２人にアンケートをとったところ、88パーセントが「奥から取ったことがある」と答えました。

２０１２年10月から業界と国のワーキングチームが始まり、３分の１ルールを改める方向に少しずつ進んでいます。２０１７年5月、経済産業省と農林水産省は食品業界へ向けて通知を出し、飲料と賞味期間１８０日以上の菓子の納品期限を緩和するよう要請しました。大手メーカーの働きかけも大きかったと思いますが、食品ロス削減に向けた大きな前進だと思います。

納品ルールに関しては別の動きもあります。これまで賞味期限を年月日で表示するのが一般的でしたが、大手メーカーを中心に、清涼飲料やレトルト食品などで「年月表示」に切り替え始めました。これは、すでに納品された食品の賞味期限より期限が前の商品「日付後退品」は納品することができない、という商慣習があるためです。賞味期限が１日前後しただけで処分されることもあり、キリンビバレッジは年間２５０トンほど廃棄を減らせると試算しました。ただ、国は賞味期間が3カ月超の食品で年月表示が可能としていますが、それに比べるとまだまだ切り替えは限定的です。

スーパーの勤務経験者８００人にアンケートをとったところ、メーカーが持ってくるサンプル品の廃棄もばかにならないという話もありました。スーパーで取り扱うアイテム数は莫大です。メーカー側は商談で自社商品を採用してもらいたくてたくさんのアイテムのサンプル品を持参しますから、なかなか消費しきれないのです。

井手さんの視点⑤――リデュースを最優先せよ

近年、食品ロス対策の機運はだいぶ高まってきました。商慣習の見直し以外にも、天候による需要予測システムの広がりや、賞味・消費期限が残り少なくなると自動的に値下げするシステムの実証実験も行われています。また、「リサイクル」や「リユース」も注目されています。リサイクルでは、例えば廃棄食品から豚の肥料を製造したり、処分されたうどんを発酵させて出たバイオガスを燃焼させて発電したりなど、面白い取り組みもあります。リユースでは、まだ食べられる廃棄食品を生活困窮家庭などへ寄付するフードバンクやフードドライブの活動もだいぶ知られてきました。

どうしても出てしまう食品ロスの対策として、リサイクルやリユースは有効でしょう。しかし、リサイクルの過程では大量の水やエネルギー、人件費を必要としますし、運搬の際にガソリンも多く消費します。フードバンクでも、メーカーなどからたくさんの余った食品が寄付されるようになりましたが、その量が多すぎて、さばききれない状況も出ています。

さらに私が危惧するのは、食べ物が残って食品ロスが出てもリサイクルやリユースに回せばいい、という意識が広がることです。まず最優先するべきは、廃棄自体を減らす「Reduce

（リデュース）」だと私は思います。そのためには、余剰が出ないように大量生産を見直すことはもちろん、消費者も店で品切れがあっても受け入れることが大切です。こうして食品ロスを減らしたうえで、それでも出てしまった時にリユース、それからリサイクルすることを考えるべきではないでしょうか。

この点では、ヨーロッパの取り組みが進んでいます。イタリアのピエモンテ州では、食品ロスの対策指針にリサイクルを含めていません。リデュースとリユースだけを掲げ、しかもリデュースを優先すべきだと表明しています。イタリア企業ではパスタのバリラ社も、「リデュース、リユース、リディストリビュートの順番で優先します」と表明しています。リユースは社内で有効活用することで、その上でさらに処分する食品がある場合は、フードバンクなどへ分配（＝リディストリビュート）するのです。

井手さんの視点⑥——消費者の力で食品業界は変わる

ここまで食品業界の動きを中心にお話ししてきましたが、折に触れているように、「販売機会ロス」という考え方にしても「3分の1ルール」にしても、顧客である消費者の意向に対応した結果だと思います。逆に言えば、売り切れていても消費者が「人気があるなあ。明

図表５－３　食品廃棄物等の発生状況

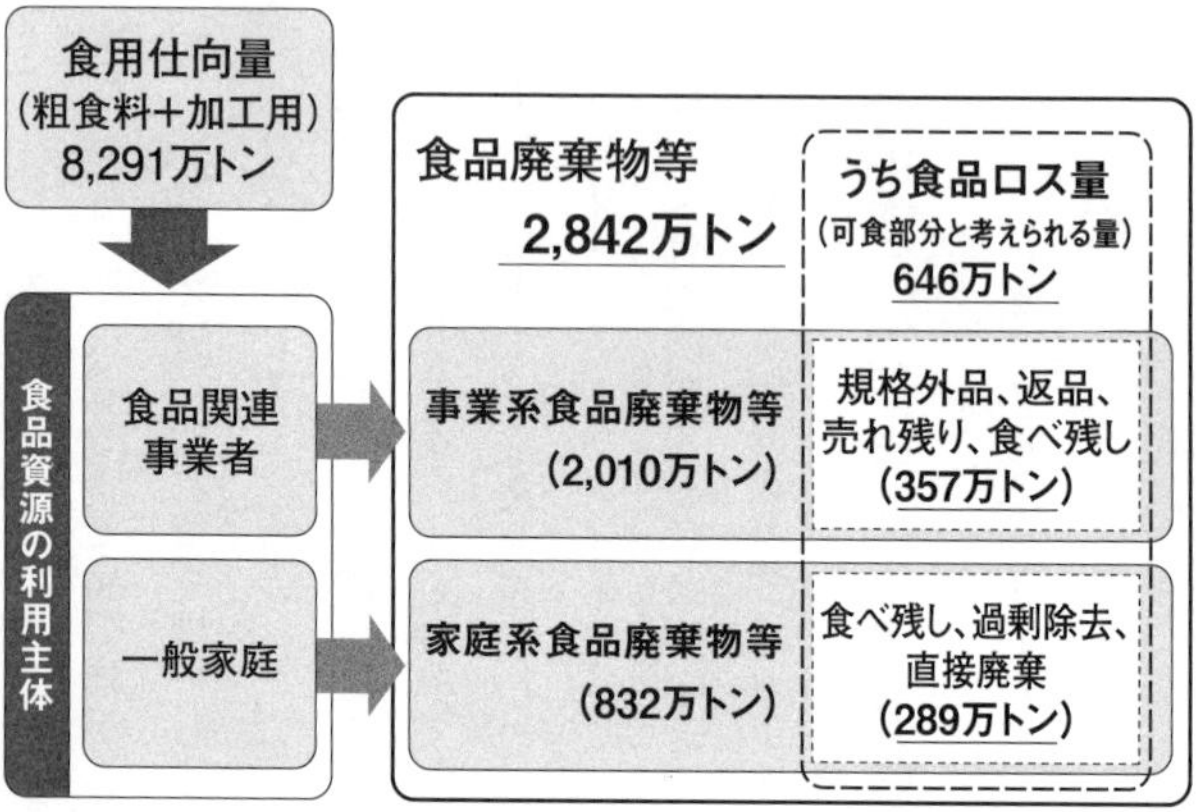

出所）消費者庁消費者政策課「食品ロス削減関係参考資料」（2018年10月29日版）
資料）農林水産省・環境省（2015年度推計）

日もう少し早く買いに来よう」などととらえ、スーパーで一番手前に並ぶ賞味期限の近い商品を「すぐ食べるからこっちにしよう」と優先して購入することで、消費者意識の変化を気にする食品業界は必ず変わっていくでしょう。

また消費者の皆さんに知っていただきたいのは、食品業界から出された廃棄食品の処理費用は実は私たちも負担しているということです。食品メーカーが出す「産業廃棄物」はメーカー負担で処理されますが、メーカー以外のコンビニ・スーパー・飲食店などから出される食品ごみは「事業系一般廃棄物」となり、市区町村の財源（＝我々の納めた税金）も使って焼却されているからです。

日本で1年に出る食品ロスは、食品業界由来が357万トン、家庭から出たものが289万トン（2015年度推計）で、ほぼ同量を占めます（図表5－3）。これは食べ残しのほか、まだ期限前なのに捨てられてしまう食品などです。政府は2018年6月、家庭から出される食品ロスを2030年までに半減するという数値目標を初めて設けました。消費者一人ひとりが日々食品ロスを出さないように心がけることは、とても大きな意味を持つのです。

食品ロスを減らすために

大量の食品ロスを日本社会が出してきた理由とはなにか。豊富な取材に裏打ちされた井出さんの解説は、とても明快だった。商品の売り上げを伸ばし、クレームなどのトラブルをできるだけ回避することを食品業界が優先してきた裏側で、作りすぎて余った食品が大量に捨てられていたのだ。そこには消費者心理も影響している。洋服の大量廃棄でもみられた産業界と消費者の関係性が、食品をめぐっても存在している。

食品ロスを減らしていくためには、井出さんは「リサイクルやリユースよりも、リデュース（減らすこと）を優先することが大事だ」と語った。次章では食品ロスを解決するための具体的な取り組みを紹介する。

まずは、丹精込めて作ったパンを毎日のように捨ててきたパン職人が「捨てないパン屋」へと変わるために、廃棄だけでなく労働時間、こだわりなどの様々な「リデュース」に挑戦した話から始めたい。

第6章

フードロスのない世界を作る

1　もうパンを捨てないと決めた、パン屋の物語　文・藤田さつき

出会い

薪焼《まきや》きの石窯から、香ばしいパンの香りが漂ってきた。

ゆっくりと温度が下がる石窯で、直径30センチほどのどっしりとしたパン・ド・カンパーニュは皮の厚みを少しずつ増し、色濃くなっていく。それとともにパンの香り成分が気化するのだ。パンを焼くのは、燃えさかる薪の炎ではない。何度もくべた薪が炭になるまで燃えると、ドーム状の石窯の内側全体が白くなるまで熱せられる。パンは、炎が消えた後のその窯の余熱で、時間をかけてじっくり焼き込まれるのだ。

「よーし、310度に下がった。おっしゃ、窯入れしまーす」

パン職人の田村陽至《ようじ》さんが、泊まり込みの研修生、齋藤絢子さんに呼びかけた。

＊

私（藤田）が広島市のパン屋「ドリアン」を初めて取材したのは、２０１７年２月だった。前章で取材した井出留美さんの本を読んでいた時、「捨てないパン屋」として短く紹介されていて、興味を持った。本には、「小麦農家から『パンが売れ残ったら全部送ってください。買いますから』と言われ、農家が小麦にかける思いを強く受けとめた」と書かれていた。

原材料を生産する農家とそんな血の通った関係を築けるなんて素敵だな。パンを捨てないということ以上に、そんな人間関係を持つことのできるパン職人に会ってみたいと思った。

店に電話をかけると、田村さんのパン作りの変化は、働き方や日々の暮らし方にも影響していることが分かった。電話口で田村さんははつらつとした声で話してくれた。

「働く時間を短くして、パンを焼く仕事が楽しくなったんですよ。いまは朝４時から昼までパンを作ったら、午後は美術館に行ったり映画を見に行ったり。そんな時間が仕事に還元されるようになったし、夫婦ゲンカも減った（笑）。インプットって大事ですねー。実はパンよりも、生活の方が変わったかもしれません」

私は取材がとても待ち遠しくなった。

毎日パンを捨ててたら……

田村さんは創業約70年のパン屋の3代目だ。父は、典型的な街のパン屋だった。店には、食パンやフランスパン、菓子パン、総菜パン、サンドイッチなどたくさんの種類のパンが所狭しと並んでいたという。

でも田村さんはそんなパン屋を継ぐのが嫌だった。売れるために焼きそばもたこ焼きも入れ、その流行が去れば次の流行に飛び移る。そんな「なんでもあり」の日本のパンが軽薄に見えて、好きではなかったのだ。田村さんは東京の大学で環境学を学んだ後、沖縄の環境NPOやモンゴルのエコツアーの仕事をするようになった。だがバブル崩壊で、実家のパン屋は厳しい経営状況に陥ってしまう。一時帰国した田村さんに、両親は「従業員には全員やめてもらい、2人だけで店を続けて借金を返していこうと思うんじゃ」と告げた。

いくらなんでも、それは現実的じゃないだろう……。そう思った田村さんは、パン屋を手伝うことを決めた。2004年のことだ。

田村さんはドリアンを、当時流行り始めていた「こだわり」のパン屋へリニューアルすることにした。パンの具はすべて手作り。保存料なども使わないようにした。石窯を作って、

ドリアンの田村陽至さんと芙美さん

天然酵母のパンも焼き始めた。店にはいつも40種類ほどのパンがずらりと並んだ。製造スタッフ、店舗スタッフ、パート従業員あわせて10人ほどがフル稼働して2店舗を回し、レストランへの配達もこなした。豊富な品揃えのこだわりのパンが並ぶ店は、すぐに人気になった。田村さんは夜10時から翌日の夕方まで寝ずにパン作りに追われた。

「客入りは最多になり、売り上げも最高になった。でかいエンジンでとにかくがむしゃらに働く、という感じでしたね。でも、パンを売っても売っても、お金が残らなかったんです。外からの評判はいいのに、中は潤っていない。この矛盾はちょっとおかしい、と感じるようになりました。スタッフも自分も安い給料で働き続けていた。当時、僕には若いスタッフにパン作りを教える余裕もありませんでした。彼らが店を気に入ってくれているのに甘えて、このまま1年、2年ずるずると貯金もできないのに、時間を奪い続けていていいのかと悩みました」

ある時、アルバイトで働いていたモンゴル出身の女の子が、売れ残ったパンを「前の日のパンでもおいしいね」と食べていた。

後日、彼女から言われた。

「なんでパン捨てるんですか。誰かにあげたらいいのに」

店では閉店後、毎日のように売れ残ったパンを捨てていた。25キロ入りの小麦の袋が満杯になるぐらいのパンを捨てることはざらだった。焼きたてのパンが人気だったため、田村さんは夕方まで窯入れを繰り返し、作りたてが店頭に並ぶ機会を増やすようにしていた。だがそうすると、午後に急な雨で客足が止まれば、バットに満載のパンを丸ごとゴミ袋へ入れなくてはならなくなることもあった。

保存料無添加のクリームパンや生の果物のデニッシュは、翌日にはとても出せない。1回でも食中毒を起こせば店は終わりだろう。そのリスクを冒すなら捨てた方がいい。パンを誰かにあげる暇だってない。

「パンをあげるなんて、日本ではできないんだよ」

田村さんは彼女に答えた。

こうした経験が積み重なる中、田村さんは自問自答するようになった。

「これは、このまま10年、20年、次の世代まで続けられる職業なんだろうか」

100点満点のパンを目指さない

2012年春、田村さんは店を休業した。店のスタッフだった妻の芙美さんとともに田村さんが向かったのは、ヨーロッパだ。

1年半かけて、フランスとオーストリアのパン屋3軒に受け入れてもらって修業をした。最後に働いたウィーンの名店「グラッガー」での日々は、田村さんのパン職人としての認識を根底から揺るがす経験になった。

「朝8時に来て」

店からは事前にそう言われていた。パン屋の仕事は早朝から始まるのが常識だ。帰る時間が夜遅いのかな……といぶかりながら行くと、昼には仕事が終わった。勤務時間は4、5時間。自分だけでなく、他の職人も全員だ。拍子抜けした。

グラッガーのやり方は、日本のパン屋の常識と違うことばかりだった。日本では、パンの生地をこねたら数時間発酵させ、分割・成形をしてから再び発酵時間を取るのが一般的だ。だがグラッガーではそれも適当で、職人たちはこねた生地をすぐに分割・成形して、冷蔵庫に入れて帰宅していた。材料を混ぜたり、生地を切ったりするのも機械で、田村さんには「手抜き」に見えることが多かった。パンの具もほとんど入っておらず、ゴマを振りかけた程度だ。

でもそのパンは段違いにおいしかった。

違いは素材だった。店の代表のグラッガー氏は「使う材料には、入手できるベストのものを使っている」と語った。小麦に、ルヴァン種の天然酵母、薪の石窯も「素材の一つ」と教えられた。

「こねて焼いただけでおいしいんですよ。職人たちが働く時間は短くて、客にはいい材料のものを安い価格で提供できる。だから店も流行る。グラッガーのパンでは、みんなが得をしているんです。僕も仕事が楽しいと初めて思った」

1日4、5時間の仕事が終わると、妻と街に繰り出し、食事へ行った。日本でパン屋をしていたころは1日15時間以上必死に働いて、インプットをする余裕もなかった。それなのに、パンはグラッガーの方がずっとおいしい。

「日本のパン職人たちは100点満点のパンを目指すのに7、8時間を費やすんです。僕自身もそうやって血眼《ちまなこ》になって働いていた。でもグラッガーでは、パンが70、80点でも4、5時間でできるならいいや、というマインドなんですよ。それでも、いい素材を使って、そんな風に力を抜いて投げた球は、案外伸びる。それで日本のパンよりおいしくなる」

熱心な広島カープファンでもある田村さんは、野球にたとえながらそう振り返った。

一体僕はなにをしてきたんだろう。田村さんは少し考え込んだ後、帰国したらこのやり方を自分も実践してみるほかない、と決心した。

捨てないパン屋の「働き方改革」

2013年10月、店を再開した田村さんは、「実験」を始めた。

グラッガーで学んだことの実践として、まず材料にこだわることにした。選んだのは、国産の有機栽培の小麦だ。それが、日本の気候や風土に合うパンを作る最高の材料だと思ったからだ。ただ、パンに使われる小麦のうち国産は3パーセントだけと言われ、有機栽培となるとさらに希少だ。当時、国産の有機小麦の価格は外国産小麦に比べて約4倍。普通の国産小麦に比べても約2倍だった。材料がこの値段だと、イチジクやクルミを入れたカンパーニュを日常的に店で作って売ることは不可能だ。

しかし具材を入れないシンプルなカンパーニュなら、有機国産小麦を使って、さらに同じ価格のままでも大丈夫だと分かった。田村さんは、具材を入れないカンパーニュなど2種類のみに絞って売ることを決めた。こうすればなんとか採算を合わせることができる。

理想とする有機小麦を求めて、北海道・十勝の生産農家、中川泰一さんへ会いに行った。中川さんは人工肥料を使わず、草を育てて小麦の肥料としている。有機栽培に転換した当時の苦労話や、「目が覚めると麦がすべて枯れていた」夢にうなされた話を聞いた。

「海外産の小麦を使っていると、誰が栽培したのかも分からないし、どんな苦労があるのか想像力が働かない。でも中川さんに会って話を聞き、小麦の作り手の思いを知ることができました。この小麦で作ったパンは絶対に無駄にできない、どうにかして売り切らないとだめだ、と思いましたね」

そうして実現した具材をなくしたカンパーニュには、2週間ほど日持ちするという予期せぬメリットもあった。

次に着手した実験は「働き方」だった。パンの種類を絞って具材を入れないことにしたことで、手間をすでにだいぶカットできていた。さらに働く時間を短縮するため、グラッガーのように冷蔵庫を活用することにした。

なぜ冷蔵庫を使うと、働く時間を短くできるのか。冷蔵庫を使わなければ、パン生地を仕込んだ後に発酵が進むため、遅くとも4、5時間後には焼かなくてはならない。日本の多くの「こだわり」パン屋でやっているようにその日のうちに焼こうとすれば、仕込み始めから窯入れ、焼き上がりまでに7時間ほどかかる。つまり午前8時にパンを焼き上げるためには、午前1時に作業を始めなくてはならないのだ。1回の窯入れで焼けるパンの量には限界があるため、2、3回窯入れしようとすると……寝られなくなる。

しかし冷蔵庫を使えば、途中で発酵をある程度止めておける。さらに冷蔵庫から出してすぐに焼けるため、何時に起きても、窯の着火から2時間ぐらいでパンを焼くことができるのだ。

「グラッガーでは、大して味が変わらない作業にはこうやって手抜きをしていたんです。パンは単純なもの。だから素材さえしっかりしていればおいしくなる」

こうして、働く時間を朝4時から11時までの7時間程度に短縮した。以前の半分だ。スタッフ10人程度で回していた店の規模も、ぐっと小さくした。店は1店舗に減らし、店を開くのは木、金、土の週3日の午後だけ。スタッフも基本的には自分と芙美さんの2人だけにした。

最後に田村さんが取り組んだのが、「パンを捨てないようにする売り方」だった。パンの種類を少なくして具材も入れないようにしたことで、パンは日持ちするようになった。問題は、どうやって商売として成り立たせるか、だ。

「パンを捨てたくないから焼かないようにする、というのは違うと思ったんです。そうすると商売にならないし、心をこめて作ったパンだから可能な範囲で多くの人に食べてもらいたい。作ったパンは捨てないし、仕事は楽で、わりと儲かる。そこを目指さないと、そもそもこんなパン屋稼業、やる人がいなくなっちゃうと思ったんです」

そこで考えたのが、予約を取って定期購入してもらうネット販売だ。店を閉める平日の2日間に定期購入分のパンを焼き、予約してくれた客へパンを発送する。

「パンって、暑い夏は売れなかったりして季節で売れ行きが変わるし、天気の影響も大きい。でも定期購入ならぶれが出ないので、収入の土台になります。僕が焼くカンパーニュみたいなパン、みんなが好きなわけじゃないです。100人のうち1人ぐらいでしょうか。だから販売する先を全国に広げた方がいいんです。形崩れしなくて日持ちするこんな堅いパンだから、発送もしやすいんですよ」

定期購入を始めると、ドリアンのパンは少しずつ評判を呼び、その送り先は北海道から沖縄まで約160に広がった。

店で販売するパンも売れ残らないように、「リレー販売方式」を編み出した。焼きたてはまず、厨房の横のテーブルに置く。パンの隣には、代金を入れる箱。無人のセルフ販売だ。そして広島市中心部にある店でパンが売れ残った時には、地元野菜の移動販売業者やハム店に託す。

「いろんなところで、ちょっとずつちょっとずつ売っていって、なんとか売り切れる感じですね」と田村さんは笑う。

休む、人に会う、旅に出る

小麦と水、塩だけでじっくりと焼いたカンパーニュは、日々味わいが変わっていくのが魅力だ。「焼きたてじゃなくて、焼いた翌日ぐらいがパンが落ち着いておいしくなる」と田村さんは語る。

売り上げは年約2500万円。休業前と変わらない水準になった。でも、自由に過ごせる時間は以前とは比べものにならない。午後は体を休め、街を歩いて人に会う。夏には2カ月ほどの長期休暇を取り、夫婦で海外を旅するのが恒例になった。

取材に伺った時には、田村さんの仕事が終わった午後、広島市内のうどん店「わだち草」へ一緒にお昼ごはんを食べに行った。店主の原田健次さんは、自家栽培した小麦を使ってうどんを打つ。「麦兄さんて呼んでるんです」と田村さん。田村さん夫妻と原田さんは、うどんをすすりながら「麦」談義を始めた。パンも小麦、うどんも小麦。田村さんと原田さんは「麦」仲間なのだ。

「こういう時間は大切ですよね。余裕がなかった時はひたすらこなすだけの毎日だったけど、一度立ち止まってみて、方向転換できた。時間を持てると、いろんな人に会いに行ったり、ホームページを工夫しようかとか考えたりできます」

田村さんたちの話はパン作り、うどん作りにとどまらず、発酵食品、農業、自然環境へとどんどん広がっていく。そのエネルギーに圧倒された。

「なんとか楽になりたい、手抜きしたいと思って続けていたら、気づいたらパンを捨てない店になっていました」

ドリアンは2015年夏から、パンを一つも捨てていない。

誰でもパンは焼けるようになる

店の再開後、田村さんが始めたもう一つの実験が、研修生を受け入れることだ。給料は払わないが、店の2階に寝泊まりする場所を提供し、石窯で天然酵母のパンを焼く技術を約3カ月かけて丁寧に伝える。

取材へ行った時には、青森出身の女性、齋藤絢子さんが住み込み研修中だった。ドリアンで5人目の研修生だ。仙台で飲食関係の会社に勤めていたころ、東日本大震災に遭った。「その時以来、生活を大事にできる働き方をずっと考えていた」と齋藤さんは話した。メキシコのパン店で働いていた2015年にドリアンのホームページを見て、田村さんへ研修させてほしいと連絡したという。

この日も、齋藤さんは田村さんと一緒に朝4時からパンを焼いていた。田村さんは、手取り足取り理論的なことを教えるというよりは、「見て覚えてもらう」スタイルだ。

「毎日、パン作りや暮らしのことなど、学びがいっぱいあります」と齋藤さん。

田村さんが研修生の受け入れを始めたのは、以前の店で若いスタッフになかなかパン作りを教えることができなかった反省からでもある。

「パン作りには、実はそんな複雑な工程はないんです。特に僕が作っているような古典的でシンプルなパンは、長い時間を経てレシピが徐々に整えられてきた。だからレシピが安定していて、誰でも1カ月も修業すれば焼けるようになるんです。古典って、どの時代にも古びない、本質をつかんだもの。だから変えなくていい。5年後に流行が変わるパンでなく、これまで長年残ってきたものを、僕は受け継いで伝えていきたい。だって、たくさん働かなくても、誰にでも楽に焼けるこんなパン屋が日本に増えたら、面白いかなと思って」

田村さんと齋藤さんが焼いたカンパーニュを食べさせてもらった。ほのかな酸味、しっかりとした噛み応えがあり、パンのうまみが濃い。なのに強烈な個性みたいなものはなく、どことなく控えめで素朴な印象だ。田村さんのお母さんが、手作りのはっさくマーマレードを塗るよう勧めてくれた。ジャムの苦みがなんともカンパーニュに合う。田村さん夫妻にもカンパーニュのお勧めの食べ方を聞くと、芙美さんがにこやかに言った。

「お皿に残ったソースをぬぐうのが一番おいしい食べ方ですかねー」

横で田村さんも「そうそう、スポンジ代わりですよ」とうなずく。

一瞬拍子抜けしたが、そんな風に肩に力の入らない田村夫妻も、一緒に食べる料理の味を生かす彼らのカンパーニュも、なんともいい感じだった。

2017年5月18日付けの「The Cuisine Press」というサイトで、「パン職人たちの『捨てない』意識と『捨てない』仕事」という特集が組まれた。カンパーニュを提供するレストランが増えていて、「心あるパン職人たちが向かおうとしているパン作りの方向」だと書かれていた。そこには、北海道産の小麦を使って、「ピンホールに通すようなテクニカルなパン作りをしてきたけれど、最近は粉がなりたいと思うパンに焼き上げるようにしている」という東京・代々木上原の「カタネベーカリー」の片根大輔さんや、レストランで食べ残しの多い皿を見て給仕職から「捨てない」パン職人になった東京・参宮橋「タルイベーカリー」の樽井勇人さんが紹介されていた。

「こんなパン屋が追い風なのはうれしいですよね」と田村さん。同世代のこうしたパン職人たちについて、田村さんは「僕らは第3世代」と表現する。田村さんの持論ではそれはワイン造りやチーズにも共通していて、第1世代がヨーロッパからパンやワインを導入してとにかく作ってみようという世代なら、第2世代は「向こうの本物を日本で作りたい」という世代。つまり欧州産の小麦やぶどう、バターなどを使って、ヨーロッパと同じ味を再現しようとする世代だと言う。そして田村さんたち第3世代は、日本の素材を使って、日本の気候や風土、日本人に合うものを作ろうとする世代だと説明してくれた。近年人気が高まっている自然派の日本ワインも、こうした流れから生まれたんじゃないかと田村さんは話す。

「日本のいいものを使って無理をせずに作ったパンやワインは、向こうのいいものに匹敵するおいしさがあると思うんです」

この生き方を10年、20年と続けられるのか

たくさん作って、たくさん売り、たくさん捨てる。そんな生き方を変えてみた田村さんの様々な「実験」を取材させてもらって、目の前のものと大事に向き合うことは、時間を豊かに過ごす暮らしにつながっているのかもしれないと感じた。

2017年3月にドリアンについて紹介した新聞記事「もうパンは捨てない　作る、売る、働く、全てを一新」を出すと、ツイッターなどで「ヒントをもらった」「こんなやり方があるのか」といった多くの声が寄せられた。田村さんが以前の生活について語った「余裕がなくて、こなすだけの日々」「このまま10年、20年と続けられるのか」という思いは、いま日本で多くの人がリアルタイムで抱えているものなのだろう。

私がすごくオリジナルでいいなと感じるのは、田村さんがそこから抜け出るために行った方法だ。このところとかく、「丁寧でこだわった暮らし」が世間では注目されている。それ

も素敵だとは思うが、行きすぎると逆に自分を縛るものになりそうだ。田村さんの言葉で印象深かったのは、

「１００点満点を目指すために時間をかけるのでなく、80点でもいいやと考える」

というものだ。日本人はまじめだ、というか、まじめに取り組むプロセスや努力がその成果よりも大切とされている考え方が、日本には根強い、と思う。でも、本質さえ大事にすれば、つまりパンにおける小麦などの素材さえ大事にすれば、もっと怠けたり手抜きをしたりしてもいいのではないだろうか。逆に、田村さんのように「楽になる」方法を模索することで、良い副産物やイノベーションも生まれる可能性だってありそうだ。

「捨てないようにすること」も、きっと同じだ。日々、ものを捨てずに大切に使うことを心がけるのは大事だが、あまり教条的になるとつらくなる。田村さんのように、「暮らしを楽しく」から始まって、結果的に「パンを捨てないようになっていた」となると理想的だなと感じる。

そして実験は続く

２０１８年10月、１年半ぶりに田村さんに会いに行くと、ドリアンはさらにパワーアップ

していた。

以前は、石窯が限られた大きさのため1日2、3回の窯入れが必要だったが、パン生地を作る厨房の入り口だった場所に、3倍以上の容量の石窯ができていた。

「前の窯はカンパーニュを25個ぐらいずつしか焼けなかったんですけど、一度に70個も焼けるようになりました！　前は3回窯入れするのに6時間かかったけど、いまは3時間で焼けて、時間も手間もだいぶ減らせたんです」

窯は芙美さんが資料などを調べて設計した。昨年は恒例の夏休みを返上して、8月から年末までかけて組み上げたという。前回の取材時に研修中だった齋藤絢子さんも駆けつけてくれた。

「齋藤さん、ものすごい硬さの耐火レンガを電動削り機で、割っては削り、割っては削りを繰り返してくれました。もうレンガ職人ばりに。この窯も、最初は水分が残っていて手なずけるのが難しかったけど、今年秋になってやっと少し落ち着いてきたんですよ」

田村さんは相変わらずのバイタリティだった。そして今回は、27歳の鹿児島出身の山口飛雄馬さんという研修生がパン焼き修業中だった。うれしいことに、私が書いた記事を読んで「がんばりすぎるだけじゃない働き方があるんだ」とドリアンに興味を持ち、ソフトウェアのエンジニア志望ではあるが、パン作りの研修を申し込んだという。「田村さんから発酵の話を聞いて、自然と共生する暮らしってすごいと思ったんです。アナログのことも勉強した方がいいと思いました」

さらに、田村さんは活動の幅も広げていた。２０１８年の春から毎週木曜日、仕事の後に正午から約３時間、ＲＣＣ中国放送のラジオ番組でパーソナリティを務めるようになったという。

「特にパン屋とは関係のない仕事なんですけど。でもなるべくいろんな仕事をして、パン屋だけに凝り固まらないようにしたくて。この夏休みに『原点回帰』ということでモンゴルに行ったんですけど、遊牧民の人たちは本当にしなやか。農作物もないし、がっちりした家もないけれど、動く人たちは固執しなくて身軽で強い。僕らも学ばなきゃですね」

自分と周囲の人たちの「楽」を目指して、自らを変え続けていく「捨てないパン屋」ドリアン。その実験はこれからも続きそうだ。

2　現場から生まれる様々な解決策

文・藤田さつき

パンもケーキも捨てましょう

入社2年目の2002年春、東京都内のニュースを掲載する地方版で、私（藤田）は先輩記者と「デパ地下のオキテ」という連載を担当した。

2000年に渋谷のデパート東急百貨店が「東急フードショー」を開業して人気を集めて以来、デパート各社は集客のため地下の食料品売り場に力を入れだしていた。人気パティシエの店やこだわり食材の店などが相次いで出店し、テレビでも多くの特集が組まれた。「デパ地下」という呼び方が一般的になったのもそのころだったと思う。

ただ当時は、雪印食品による牛肉の国産偽装事件をきっかけに、食肉の産地偽装が社会問題になったころでもあった。連載ではあえてデパ地下人気の裏側も見ようというコンセプトになった。厳しい出退店交渉やブランド肉へのこだわり、メディアを巻き込んだＰＲ合戦、ネズミ対策などだ。各社の広報担当者にずいぶん嫌がられ、「出入り禁止」になったデパートもあった。その第３回のタイトルが「パンもケーキも捨てましょう」。あるデパ地下に入る店に協力してもらって閉店後のデパ地下に潜入させてもらい、こんなルポを書いた。

フロアの蛍光灯の灯りが半分以下に落ちた。その下で、各店舗の従業員たちが黙々と商品を捨てている。

有名なパンショップでは、「業務用」と書かれた90リットル入りのごみ袋の中へ、次々と売れ残ったパンを投げ込んでいる。サンドイッチは片手で卵を割るようにパックから押し出しては中身を「生ごみ」の袋、パックを「不燃物」の袋へ。

総菜店はトレイのサラダやマリネ。お花見弁当も捨てている。

フロアでは水色のごみ収集用台車がごみ袋を回収して回っている。洗剤のにおいも充満してきた。

このデパートでは、売れ残りを従業員が食べることや、持ち帰ったり、店同士で交換したりすることを厳しく禁じている。違反した従業員は「退店」を命じられる。

「だから、わざと堂々と捨てているんですよ」。店長のひとりが教えてくれた。

当時、デパート各社は競うように、「作りたて」や「期間限定」、「実演販売」を演出して客の購買欲をあおる売り方をしていた。そのころデパ地下ではすでに、井出留美さんが第5章で解説してくれた「販売機会ロス」という考え方も強かった。各店舗はデパート側から閉店ぎりぎりまで商品を並べるように指導され、そのために廃棄しなければならなくなった食べ物は膨大だった。いまでこそデパートでは閉店間際の「見切り販売」が広く行われるようになったが、当時は「デパートのブランド価値を壊す」として値引きを厳しく禁じているデパートも多かった。

だから前述の潜入取材をした際に、とあるケーキ屋で目撃したことには複雑な思いを抱いた。その店では、売れ残ったケーキを奥の冷蔵室で保存して、再び売り場に出していた。

冷蔵室の棚には、製造日が書かれた付箋が貼られていた。「これは明日も出すんだよ。売れ残りを全部捨てていたら店が立ち行かないから。あまり古くなるとまずいので、本当の製造日はこうやって分かるようにしているの」と、店員のお姉さんが教えてくれた。ショートケーキやモンブラン、チョコレートケーキ。生クリームを使ったケーキは、作ったその日のうちに食べなきゃいけないのではないのか。注意書きのシールにもそう印字されている。「ちゃんと冷蔵保存していたら大丈夫なんだよ。消費期限のシールは貼り替えるけど」

彼女によると、店では前日の売れ残りを先に売っているという。取り違えないように前日のケーキを「兄」、当日作ったものを「弟」と隠語で呼んで、店員同士で「そっちの兄からお願い」と会話する――なんて話も聞き、正直ぞっとした。

このケーキ屋で行われていたことを肯定するつもりはない。だが、食品業界における欠品防止プレッシャーの凄まじさと、そこから起きるモラルハザードを、その時は垣間見た思いだった。

食品業界への厳しい視線

その後も、私は「食」に関する問題の取材に巡り合うことが多かった。

「張り番」（現場で何か動きがあった際に対応する見張り役の記者）のような役回りも含めると、2008年の船場吉兆による食材使い回し問題や汚染米事件、2013年には全国のホテルに広がったメニュー偽装問題、2016年の廃棄カツの横流し事件。こうした問題が社会の関心を集めるたびに、日本では消費者の食品業界に対する視線が厳しくなっていったと思う。

廃棄カツの横流し問題を取材した際には、そもそも食品メーカーがビーフカツを廃棄したのは、「工場のパン粉補給機から小さな合成樹脂の部品が欠落した」ことが理由だったと知った。機械から無くなっていた部品はごくごく小さなものだった。だがカツにその破片が混ざり消費者の手に届くようなことがあっては、どんなクレームにつながるか分からない。そういった考えで、部品が欠落した可能性のある時間帯に作られたカツ約4万枚が廃棄されていた。その会社では前年に、ベルトコンベアのゴムから消しゴムのカス程度の大きさのゴム片が削られていたことが分かり、3日間に製造したカツ約30万枚を処分していた。ちょうど、マクドナルドの商品で異物混入が問題になった年だった。同じような境遇に陥らないように食品業界が実施した危機管理と、その引き換えに無駄になった食品の膨大さが、私には衝撃だった。

私は「食べ物がごみに変わる現場」に興味を持った。そこで取材させてもらったのが、上野の回転ずし屋だ。その店では、すしを回転レールに置いてから約15分後には捨てていた。それも客にわざと見せるように捨てているという。つい先ほどまで値段が付けられ、客がおいしそうにつまんでいた食べ物が、こうして「ごみ」に変わる。「ネタが乾いてしまうというのもあるけど、船場吉兆で使い回しが問題になったでしょう？　うちはそんなことはしていないと見せるためのパフォーマンスでもあるんですよ」と店の主人は話した。

清潔で安全でウソのない「完全な食品」を消費者が求め、食品業界はそれになんとか応えようとする。それが行き過ぎた結果、まだ食べられる大量の食べ物が捨てられるのだ。食品業界の問題が起きるたびに、業界の落ち度ばかりを書き立ててきた私たちメディアの責任も大きいと思う。

デパ地下連載から15年余り。まだまだ食べられる食品が無駄にされる現状はあるものの、近年はその解決に向けた動きが次第に広がってきている。前章で井出さんが食品業界における「3分の1ルール」の見直しなどについて解説してくれたが、ここでは、お店や企業、行政における実例や、個人でも参加できる具体的な取り組みをいくつか紹介したい。

フードバンクとフードドライブ

フードバンクは、「食べられるのに捨てられる食べ物」と「食べたくても食料がない人」を結びつける活動だ。包装が少し破損していたり、賞味期限が近づいていたりして店頭で販売が難しくなった食品を、企業などから寄贈してもらい、福祉施設や「子ども食堂」、生活が苦しい家庭などへ届ける。食品ロス削減と困窮者支援の両方を果たすことができる。農林水産省の報告書によると、現在約80団体が活動している。

フードドライブはその一環だが、個人でもっと気軽に参加できる活動だ。食べきれなかったレトルト食品や缶詰などを、スーパーや学校などの「拠点」に持ち寄り、食べ物に困っている人へ届ける。もともとアメリカで広がり、日本では2007年からスポーツジム「カーブス」の活動で知られるようになった。拠点は現在、公民館や自動車販売店、図書館などにも広がっている。私がつい先日訪れた東京農業大学の学園祭「収穫祭」でも、フードドライブのテントが出ていた。

「焼き豆腐指数」と「寄せ豆腐指数」

こういった「リユース(再使用、有効活用)」の活動のほかに、食品ロスの発生自体を減らそうという動きも広がっている。これが井出さんも重要視している「リデュース」の取り組みだ。

「焼き豆腐指数」と「寄せ豆腐指数」。そんな指数を弾き出し、商品の需要を予測して「作りすぎ」を防ぎ、食品ロスを減らすためのシステムを作成したのは日本気象協会だ。前橋市の豆腐メーカー「相模屋食料」は毎日1回、日本気象協会から指数のレポートを受け取って、それを参照して豆腐の製造量を決めている。

食品メーカーは、スーパーのチラシを取り寄せて特売情報を集めたり、過去の実績とも照らし合わせたりして、商品がどれほど売れるか予測を立てて製造量を調整している。余れば廃棄量が増えてコストがかさみ、不足すると「欠品」を取引先から責められることにつながりかねないからだ。食品業界では、小売店に比べてメーカーにとって需要の予測はかなり切実だ。

日本気象協会はここに着目した。まず相模屋食料が夏場の季節商品としている「寄せ豆腐」の売り上げデータを、同社から提供を受けて分析した。すると、真夏日が続いている時よりも、前日に比べて気温が大きく上がった時に寄せ豆腐の売り上げが伸びることが分かった。つまり、気温の高さそのものというよりは、気温差にもとづく「体感気温」がより影響していたのだ。過去の売り上げ実績と気象予報データ、ツイッター上の「暑いなぁ」といった投稿数も組み合わせて分析し、社会の体感気温から需要を予想するシステムを日本気象協会は作り上げた。

相模屋食料はこの指数を使い始めて、スーパーなどの取引先からの受注量と製造量の差異が約3割も減ったという。日本気象協会は「寄せ豆腐指数」を応用して、冬場に鍋などに使われる焼き豆腐の指数も編み出した。

私がこのシステムを取材した2017年1月には、日本気象協会は食品メーカー6社へ需要予測を提供していた。その後、汎用的な「需要予測指数」を開発したことでアイテム数は大幅に増え、18年秋現在では食品や日用品など約500種類まで増えたという。提供先もメーカーだけでなく、スーパーなどの小売店にも広がった。また18年からはNECと連携して需要予測システムを構築し、メーカーから問屋、小売店までのサプライチェーン全体で有機的に食品ロス削減に取り組むことを目指しているという。

技術革新から生まれた解決策には、これまで予想もしていなかった成果が期待できそうだ。

もったいないから「使い切る」料理人

サプライチェーンにのる前に、「規格外」としてはじかれ、廃棄される野菜や魚、肉も、実は膨大にあると言われている。

日本は食品の規格が厳しい。農作物の味や香りが豊かでも、色や形、サイズが規格から外れていると出荷できない。さらに豊作の場合などに、市場価格を維持するため「需給調整」として田畑で廃棄される野菜や果物もある。そのはっきりとした量は、国やJAなども調べていないため把握されていない。漁業でも、水揚げ全体の約3割を占めると言われる「未利用魚」は通常は流通せずに捨てられてしまう。未利用魚とは、あまり食用に供されてこなかったマイナーな種類の魚や、漁獲量が少なくロットがまとまらないために出荷できない魚だ。

例えば英国では、こうした農業の段階で捨てられる農産品の量を調査していて、食品廃棄全体の約2割を占める約300万トンにのぼると推定されている。フランスやオランダ、イタリアでも、「推計値」ではあるがこのような数字を示したうえで、廃棄を減らす対策を講じている。だが日本では、このような出荷されなかった農業水産物を食品ロスにカウントしていない。なぜなのか、食品ロス量の調査を担当している農林水産省に聞いてみた。

「日本では、より正確な食品ロス量を示すために、出荷前の野菜や魚などは除外しています。そもそも各国が出しているそういった推計値が、どれだけ正確に量を把握しているかは疑問です。そのため日本は出荷、加工を経て食品業界から廃棄された食品と、家庭から廃棄された食品のみを対象に調査するようにしています」

担当者はこう答えた。日本政府が現在示している食品ロス量だって「推計値」なのだから、こうした出荷に至らない野菜や魚なども「推定」と断ったうえで明らかにすることで解決策を模索することは意味があるのではないだろうか。私はこう考えて担当者に質問してみたが、その答えも「田畑の生産調整は、農業政策において生産性という観点で考えるべきだと考えています」というもので、残念ながらかみ合わなかった。

ただ草の根では、こうした規格外の野菜や肉に注目して、それをおいしく食べてもらいたいという取り組みをしている店も出てきている。

東京・池尻大橋のフレンチレストラン「オギノ」では、酷暑で水ばかり飲んでしまって基準以上の体重になった「水豚」と呼ばれる豚や、曲がったアスパラガスなどの野菜、駆除されたイノシシや鹿を積極的に仕入れている。

「水豚はミンチにしたり、内臓はパテなどのシャルキュトリーを作ったり。そもそもフランス料理は、牛なら目玉とひづめ以外、鶏は羽毛以外はすべて使いきるという考え方の料理なんですよ」

シェフの荻野伸也さんはそう話す。

荻野さんは2007年に東京・世田谷にレストランを開いた後、肉加工品に使う豚肉を探すため、知人の紹介で循環型農業を行っている北海道の養豚農場を訪れた。豚のフンを堆肥として、畑で飼料にする野菜や穀物が栽培されていたが、他にも市場向けの野菜も作っており、曲がったり折れたりして余ったニンジンやアスパラガスの根が山になっていたという。

「もったいない。これ、おいしい料理にできますよ」

これが、農家で余った野菜を使い始めたきっかけだった。その後、知人つながりで荻野さんの店へ余った野菜や出荷できない肉を送ってくる農家が増えていった。２０１１年には札幌に、北海道で市場に出せなかった未利用魚やヒレが折れたりした魚を使ってシーフードカレーを作るカフェのメニューを監修。その後この取り組みを機に、札幌市内の百貨店で、道内の農家から届くこうした食材を積極的に使った総菜店をプロデュースする。東京のレストランでも、そうした肉や食材を食材として仕入れるようになり、さらにレストランだけでは社会的インパクトに乏しいと感じ、どんな食材に対してもフランス料理という方法でアプローチする総菜店「ターブルオギノ」を開店。これらの「飛び込み」の食材と、市場経由で仕入れた食材は現在、ほぼ半々だという。食材を送ってくれる産地も北海道から沖縄まで全国に広がった。

荻野伸也さん

「この間も長崎県の五島列島の農家さんから『今年のトマトは作柄がよく、大量に余りそう』と連絡があって、サンプルをいただいたところです。僕は、こんな料理が作りたいからこの食材を揃えるというのでなく、この野菜やお肉が来たから、どう料理しようかを考える素材優先の考え方をしています。だから猟師さんから鹿1頭分のお肉が届くと、うちはしばらく鹿料理屋みたいになっちゃうんですが」。そう笑って、荻野さんは話してくれた。

本来は捨てていた作物が売れるため、農家はその分を収入に変えられるし、店にとっても市場より安く仕入れることができ、客にもその分安く料理を提供できる。さらに料理人にとってもこうした食材を使うメリットがあると荻野さんは言う。

「普通は出荷されない内臓や余った果物といった食材は、僕らにとって『学び』につながるんです。僕らの仕事はどんな素材でもきちっと加工して、お客さんにおいしく食べていただくこと。食べ方が分からないから余っていた食材も、臭みをとったり煮込んだりするメソッドがあれば、おいしい料理に仕上げられる」

荻野さんは素材を「使いきる」料理を広めたいと考え、肉加工や果物料理などの調理専門書や、家庭向けのレシピ本も出している。

3010運動のさらなる広がり

長野県松本市から始まり、今や全国の飲食店やホテルなどへ広がったのは、「3010運動」だ。

「3010」というのは、宴会の始まり30分と、お開き前の10分のこと。会社の忘年会や結婚式、家族や地域の食事会をお店やホテルで開くと、たくさんの料理が余ってしまうことが多い。おしゃべりに夢中になったり、お酒を飲む方に気が向いてしまったりして、どうしても食べ残してしまう——そんな経験をした人は多いだろう。私もその一人だ。だからせめて、最初と最後は集中して食事を楽しもう、という運動だ。

きっかけは、松本市の菅谷《すげのや》昭市長の言葉だったという。菅谷市長は医師でもあり、1990年代後半にはチェルノブイリ原発事故で被害を受けたベラルーシで小児がんの治療などに取り組んできた。当時その地域は安全な食べ物の問題にも直面した。そんな経験もあって、市役所の宴会で食べ残されたたくさんの食べ物を見て「もったいない。これからは会が始まってからの30分は食事を食べよう」と役所内に呼びかけたのだという。その後、松本市として市民にも働きかけることになり、「最後の10分」も追加された。

いま「３０１０運動」でネット検索すると、佐賀市、大阪市、岡山県、浦安市……などがヒットし、同様の運動を呼びかけていることがわかる。環境省も「３０１０運動　卓上三角柱ＰＯＰ」を春の宴会用、忘年会用、新年会用、通年用と複数バージョン作って、ホームページでダウンロードできるように公開している。こうした誰にでも簡単にできることが多くの宴会で実践されれば、大きな効果につながると思う。

食品ロス半減を閣議決定

政府は２０１８年6月、食品ロスの量を２０３０年までに半減するという数値目標を閣議決定した。海外で数値目標を定める国は多いが、日本では初めて設定された。その対象は「家庭から出る食品ロス」に限定されており、「半減」の基準も現在の約１・５倍の「２０００年度と比較して」とされているなど、いろいろと突っ込みどころはあるが、こうした国レベルでの初めての動きは注目に値する。食品ロスの半分は食品業界から出されているため、さらにそちらの削減目標も設定されることが必要だ。

食品ロス削減のための法律を議員立法で制定しようという動きもある。２０１８年には法案がまとめられている。読む限り、自治体における削減計画の作成や啓発活動、事業者の取り組みの支援などを努力義務としていて、どれほどの実効性があるのかはまだ見えてこない。

海外では、例えばフランスは２０１６年に、売り場面積が４００平方メートル超の大型スーパーに対して売れ残った食品の廃棄を禁じ、食べられる食品は慈善団体へ寄付できるように団体との契約を義務付ける法律を施行した。食用に適さないものは飼料や肥料に転用することも求める。まだ食べられる食品を廃棄した場合は、約50万円の罰金が科せられる。イタリアも同様の法律が同年、成立した。こちらは、店が余った食品を寄付した場合は、税控除を受けられるインセンティブ方式だ。アメリカでは企業がフードバンクなどに食品を寄付した場合、税金の控除や、故意や過失による違法行為がない限り、食中毒などの損害が発生した場合の免責規定を法律で定めている。日本でせっかく食品ロス削減のための法律を作るのなら、こうした海外の先行事例を参考にして実効性のあるものにしてほしい。

「お持ち帰り」のハードル

先日、４歳の長女とともに、企業が主催する料理教室に参加した。作ったのは、シーフードピザとデザートのパンナコッタ。けっこうボリュームがあり、長女はピザを半分食べ残してしまった。私もすでに満腹だったたし、せっかく一緒に作った料理なので無駄にしたくないと思い、講師へ「持って帰りたい」とお願いしてみた。テイクアウトの定番のピザなので大丈夫だろうと思っていた。しかし「この教室はいずれの場合も、お持ち帰りいただくことはできない」と断られてしまった。「問題が起こっても自己責任と考えますので」などと話して食い下がってみても、結論は変わらなかった。結局、処分されることだけは忍びなかったので、「後で食べるー」と言う長女をなだめつつ、私が全部食べてしまった。お腹とともに気分がどんより重くなった。

アメリカでは、飲食店で食べ残した料理を持って帰るためのドギーバッグは根付いている。持ち帰るのが恥ずかしいから「犬のために持って帰る」ということにしたとか、「犬用だから万が一食中毒が起きても自己責任とする」とか、そのネーミングには諸説があるようだが、こうした習慣があると日ごろから食べ物を大切にする意識につながると思う。フランスでは当初、ネーミングに違和感を感じる人が多くなかなか普及しなかったそうだが、「グルメバッグ」という呼び名を使うことで最近はだいぶ定着したという。そして2018年には、レストランに対して「推奨する」という表現にとどまっていたドギーバッグに関する法律が、全店で義務化するように改正された。フランス人は動き出すと早いなあと感心してしまうが、日本でもこの習慣が広がれば、お財布にも環境にも、腹回りにも優しいに違いない。

日本でなかなかドギーバッグが広がらないのは、「捨てないパン屋」ドリアンの田村さんがかつて考えたように「客に食中毒を起こされてはたまらない」という食品業界のリスク管理があるからだろう。たくさんの食品廃棄を生む「販売機会ロス」という考え方や「3分の1ルール」も、業界が消費者の意識を反映した結果だ。だから私たち消費者が変わることで、食品やアパレルなどの業界は変わっていくはずだ。

第3部では、スマホを使って消費者同士が中古品を売買する市場を創り、新しい消費の形を模索するメルカリの創業者インタビューなどを通して、日本の消費者の間で起きている「変革の動き」を追ってみたい。

第3部　消費者編

第7章

大量廃棄社会の、その先へ

1　高度経済成長と大量消費社会

文・仲村和代

あなたの着ている服は誰が作ったのか

東北地方の農村では古くから、「刺し子」と呼ばれる民芸がさかんだった。一針ひとはり、丁寧に施された刺繡は素朴で愛らしく、今でも手芸の一つとして親しまれている。だが、元はといえば、古くなった布を何枚も重ね合わせ、丈夫にするための工夫だった。

かつて、布は貴重品。庶民たちは、着物がすり切れて着られなくなっても、継ぎ合わせて別のものに生まれ変わらせ、ボロボロになるまで使い続けていた。為政者の側が、農民に貴重な木綿の使用を禁じ、麻しか身につけることができなかったため、繊維の荒い麻を一針ひとはり埋めることで、なんとか温かさを確保していた、という事情もあるようだ。

ものが豊富ではなかった時代は、そんな風に、服も、食べ物も、自分たちの手で作り、消費されていた。無駄にする余裕はなく、ものの寿命を全うするまで丁寧に使われた。それは美化するにはあまりにも厳しい暮らしでもあった。天候不順による凶作や災害などの事態がひとたび起きれば、暮らしはたちまち立ちゆかなくなり、命を落とす人も少なくなかった。

産業化が進むと、自給自足の生活は少しずつ形を変え、服や食べ物の製造の過程は大規模になり、分業化されていった。その恩恵は非常に大きい、と私は思う。先進国では、文字どおり有り余るほどの食べ物が流通している。万が一、天候不順などの問題が起きても、グローバルな枠組みの中で補うことが可能になった。高価だった衣料品の価格もどんどん下がり、安くて丈夫でおしゃれな商品が当たり前のように手に入るようになった。

一方で、私たちの手に届く商品からは、作り手の「顔」が失われていった。自分たちの衣食住に関わるものが、どこで、誰の手で、どのように作られているのかがわからなくなってきた。さらに発展が進むと、製造の場は外国にも広がり、世界規模の分業体制が作り上げられた。作り手の姿はますます見えなくなっていった。消費しきれないほどの商品が作られ、捨てられていくが、私たちはどこで、どのくらいのものが、どのように捨てられているかについて、ほとんど目にすることなしに、暮らしていくことができる。

この世界規模の分業体制は、多様な選択肢の中から「買う」という行為を通して「選ぶことができる側」と、安い製品を作るために安い賃金しか支払われず、それでもその労働をすることでしか生活が成り立たないという、「選ぶことができない側」が、対になることで成り立っている。先進国の人が「安い」と思える価格で、たくさんの選択肢を用意するためには、誰かが安い労働力を提供する必要があるからだ。

Made in Bangladesh

2012年末、取材でバングラデシュの農村を訪れたことがある。日本企業が手がけるソーシャルビジネス（社会的事業）を取材するためだった。

村では、日本から新聞記者が来たということで大騒ぎになり、村中といっても過言ではないほどの人たちが出迎えてくれた。やぎや鶏が我が物顔で村を歩き、子どもたちが裸足でかけ回る。私の頭に浮かんだのは、先進国ではなかなか目にすることのできなくなったその素朴さに対する、率直な賛辞だった。

「すごくのどかで、いいところですね」

そんな感想を口にした私に、事業を手がけてきた日本人の男性はこう返した。

「本当にその通りです。でも、災害だったり、病気だったり、ちょっとしたことが起きただけで、彼らの暮らしはたちまち、立ちゆかなくなる。この素朴な暮らしは、とても危ういものなんです」

私は、新しい出会いの高揚感だけにとらわれ、安易な言葉を口にしてしまったことを恥じた。

その時はそこまで頭が回らなかったが、当時の写真を改めて見返してみると、集まっていたのは男性ばかりだ。今回、バングラデシュの事情について改めて調べなおしてみて、これは女性が１人で買い物にすら出られないというバングラデシュならではの事情も絡んでいたのだろうと思う。

倒壊したラナプラザで犠牲になった人たちは、こうした農村から都市部の工場に働きに出ていた人たちだ。農村では、現金収入を得る機会はとても少ない。「次の世代の教育のために」。そんな思いが、彼女たちの支えになっている。

「Ｍａｄｅ　ｉｎ　Ｂａｎｇｌａｄｅｓｈ」。最近そんなタグが着いた洋服を、よく見かけるようになった。観光国ではないバングラデシュについて、日本ではイメージできる人は少ないだろうし、足を運んだことがあるという人も少ないだろう。この洋服を作った人が、どこで、どんな暮らしをしているのか。想像することが難しい世界に、私たちは生きている。

大量生産の商品は、顔の見える誰かが作った服に比べれば、価値が低いもののように扱われている。もしかしたら、生産に関わっている本人も、何万もある工程の一つを担っただけの商品に対する愛着は薄いのかもしれない。生産にかかわる人たちも、消費する側も、「簡単に捨ててよい」という感覚になってしまう。

移り変わる流行に合わせて、服を簡単に取りかえられる生活は、私たちを豊かにしたのだろうか。

最近、たくさんのものに囲まれた暮らしに対して、疲弊しはじめたという声も聞くようになった。「買う」という行為は、人をハイにしてくれる。「ほしいものが手に入った」だけではなく、「他より安く手に入った」「お得感がある」「他の人と差別化できる」「とりあえず在庫を確保して安心する」など、理由はいろいろとある。だが、家に帰ってその蓄積と向き合うと、「なぜこんなに買ってしまったのだろう」と罪悪感が募り、捨てきれずにあふれたものを前に、げんなりする。そんな経験を持つ人は少なくないだろう。

値段が高くなることを受け入れられるか

いいものを、安く。それが、これまでの賢い消費者だった。

だが、その先にあったのは、不毛な価格競争だ。同じ品質で、同じ技術で作られる製品の価格を下げるには、働く人の賃金を削っていくしかない。同じ国内での競争が一定の水準に達すれば、次はより賃金の安い国へと発注される。ある国では仕事が失われ、別の国では過酷な労働環境に耐えながら働き続ける人たちがいる。

地球環境への負荷も大きい。資源には限りがあり、いつまでも潤沢に使えるわけではない。また、大量に捨てられるものをどう処理し、コストをどう負担するかも大きな問題だ。こうしたことから目を背けていれば、そのまま、私たち自身の住環境や、健康問題として跳ね返ってくる可能性がある。

いま、世界中でグローバル化に「ＮＯ！」を突きつける人が増えているのは、経済が発展し、ものが売れて数字の上は「豊か」になったといわれていても、暮らしの中で実感できなくなり、こうしたシステムを続けていくことの限界を肌で感じているからだろう。

では、消費者として、私たちはどうしていけばいいのだろう。「買わない」という選択をすれば、それで解決するのだろうか。

第2章で、バングラデシュのアパレル工場で働く女性たちについて解説してくれた茨城大学の長田華子准教授は、「不買は幸福をもたらさない」と訴える。たしかに、バングラデシュの縫製工場には多くの問題がある。だが、だからといって私たちがそこで作られた服を買うことをやめてしまえば、彼女たちの労働環境が改善するどころか、工場への注文が減り、彼女たちの給与が下がるだけでなく、最悪の場合は仕事を失ってしまう可能性もあるからだ。

「私たちに問われているのは、これまで990円で売られていたジーンズの価格を、5円でもいいから値上げすることを受け入れられるかどうかなのです」

その5円を、現地の人たちの給与や労働環境の改善に使うよう、企業に対して声をあげていくことも、もちろん必要だ。

まず「知ること」からはじめよう

グローバル化が進んだ時代のメリットの一つは、情報も手に入れやすくなったことだ。インターネットに言葉を打ち込むだけで、これまで知らなかった国々の現実のことも、知ることができる。試しに、「バングラデシュ　アパレル」とグーグル検索してみると、NGOなどのサイトで、現地の人の暮らしのことや、労働環境について知ることができる。もう少し詳しく知りたいと思えば、スタディツアーなどの形で現地に行くこともできるだろう。さらに、私たちがどう向き合えばいいかについても、様々な提案がなされ、議論がされている。

技術の革新を人類にとってプラスのものにするか、マイナスのものにするかは、使う側の意識に左右される。一度に大量にものを作ることができる技術。作ったものを運ぶ輸送力。人やものをつなげるインターネットの力。人類の知恵によって生み出された技術をどう生かすかも、人類の知恵次第だ。

そのための一歩が、知ることだ。目の前にある「安い服」は、どうやって生み出されているのか。買われることもなく捨てられてしまう服は、その後どうなるのか。自分が知った後は、誰かに伝えてみてもいい。そこから、一緒に何かできることはないかと考えてみてもいい。

知ろうとする人が一人増え、さらに変えようと一歩踏み出す。それが少しずつ増えれば、いまの方向性は変えられる、と信じることは、あまりに楽観的すぎるだろうか。

でも、そうすることでしか、変えることはできない。大量廃棄社会の現実を変えられるのは、私たち一人ひとりなのだ。

「いいものを、安く」ではなく、「いいものを、適正な価格で」。それが、これからの賢い消費者の姿だ。

フェアトレードをビジネスにする

最近は、第2章で紹介した「ピープルツリー」ブランドのフェアトレードカンパニーのように、途上国の作り手をサポートし、環境に負担をかけない生産のあり方を目指す「フェアトレード」を掲げる企業も生まれている。

フェアトレードというと、慈善事業のようなイメージを抱く人もいるかもしれないが、同社はあくまで一般企業。「義理やお情けで買ってもらう」わけではなく、「ほしいと思ったら、たまたまフェアトレードの商品だった」と思われるような商品企画をしている。食品や衣料品、アクセサリーなどは500を超える小売店で販売され、2017年の売上は9億円を超えた。

フェアトレードと企業活動を両立させる道は、「手間はかかりますが、やりがいがあります」と、広報担当の鈴木啓美さんは言う。

「日本で売れる商品にするため、品質・デザインなども含め現地に足を運んで助言します。

この価格では難しいな、という場合も当然ある。そういう時は、工賃を減らすのではなく、デザインを変更し工程を減らすことで値段を下げられないか、交渉します。『いくらで売りたいから、この価格でやってくれ』と押しつけるのではなく、一緒に考えます。

うちとしても、在庫を抱えすぎると大変なので、最低限に抑えるように工夫しています。廃棄はせず、ファミリーセールやガレージセールで、服の形のまま、売り切るようにします」

フェアトレードという仕組みについて話すと、鈴木さんは「実際には社会を変えられていないのだから無意味だ」「効果が上がっていない」という批判を受けることもあるという。

「たしかに、すべての取引の1パーセントにも満たないわけで、全システムを変えることはできない。でも、１００点満点の解決策が唯一あるわけではなく、60点も、80点も、試行錯誤しながらいろんな解決策があって、選べることが大切だと思うんです。

日本にいても、私たちは途上国と関係を持たずに生活することはもはやできません。でも、途上国で何が起きているかの現実については、知らなくても生活していくことができる。発注する企業の人だって、ものすごく悪い人、ということじゃなく、ごく普通の人なんです。利益・効率至上主義の風潮の中で、仕事となると納期やコストのことを厳しく追求してしまう、というだけのことです。

人は危機感から動くこともちろんあるけれど、『ダメじゃないか！』と怒られると、敬遠する人もいますよね。だから、『北風と太陽』でいえば太陽のような形で変えることを目指しています。フェアトレードで作られた商品を素敵に着こなしている人を見て、いいな、楽しそうだな、という風に思ってくれる人が増えていけばいい」

実際、２０１１年の東日本大震災や、ラナプラザの事故の後、少しずつ変わり始めたのを感じているという。

２　メルカリＣＥＯに問う

文・仲村和代

みんな「いくらで売れるか」を考えている

大量消費社会の行く末を考える上で、興味深い動きがある。ここ数年で、インターネットを通じて急速に広がっている個人間の取引だ。「フリマアプリ」と呼ばれるツールを使い、自分がいらなくなったものを誰かに有償で譲ることが、簡単にできるようになった。

中でも存在感を放つのが、２０１３年７月に誕生した「メルカリ」だ。フリマアプリでは「一人勝ち」ともいわれ、創業からたったの6年間で、日本の消費者の行動、特に若い人たちの買い物の仕方を大きく変えたといわれるまでになった。

個人で中古品を売買する仕組み自体は、以前から存在している。市民団体によるフリーマーケットや地域のバザーといったリアルな場はかなり昔からあるし、ネットが登場してからは「ヤフオク！」などのネットオークションも一般的になった。メルカリは、そのやりとりの規模を桁違いに広げ、ごくごく普通の人たちもまきこんでいった。

たとえば、ネットオークションの場合は、パソコンでの利用が中心で、売る側として個人が利用するにはややハードルが高かった。メルカリが画期的だったのは、誰もがスマートフォンで簡単に中古品を売買できる仕組みを作ったことだ。メルカリの説明によれば、「スマホで商品の写真を撮影し、商品説明等を記入するだけで、3分以内に出品を完了することができる」のだという。スマホ一つで、説明書など見なくても簡単に出品できる仕組みが支持され、若い人たちの間で爆発的に広まっていった。

もっとも、かつて「ヤフオク！」の利用経験がある私（仲村）も出品してみたのだが、膨大な数の出品の中に埋もれてしまい、見向きもされなかった。頻繁に利用している人の間では独自のルールが発達しており、どのようなタグや説明をつけるか、どんな写真を載せるかといったコツをつかんでいないと、次々に更新されていく商品の中で選ばれるのは難しい、という一面もあるようだ。

私のような遅れたユーザーはさておき、メルカリは一般の利用者を引きつけ、2018年6月時点での累計ダウンロード数は日本国内で7500万。月に1千万人以上が利用し、年間の流通総額は３０００億円を突破した。

メルカリが牽引する形で、フリマアプリ市場も急成長した。経済産業省が２０１８年度に公表した電子商取引に関する市場調査によれば、フリマアプリの推定市場規模は２０１６年の３０５２億円から17年は４８３５億円に伸びた。出品される品は、アパレル商品からエンタメ用品、家電、コスメなど多岐にわたるが、最も多いのはレディースのアパレル商品だ。

メルカリの登場によって、買い物の仕方そのものが変わりつつある。若者たちの間では、服などを買う際、メルカリでどのくらいの価格で売れるかをチェックすることが当たり前になりつつある。同社が慶應義塾大学大学院経営管理研究科の山本晶《ひかる》准教授と２０１８年３月に実施したアンケートによると、フリマアプリ利用者のうち、「新品を購入する前にフリマアプリで売値を調べた」経験のある人は、「よくある」「たまにある」を合わせて半数を超えた。「売るときのことを考えて大切に扱うようになった」という人も半数以上。また、フリマアプリ利用者の約半数が、「ここ2～3年で中古品を購入する機会が増えた」と回答している。

1位ナイキ、2位ユニクロ

メディアでは、工作用のどんぐりやトイレットペーパーの芯、化粧品の試供品や使用済みの口紅、さらには現金や夏休みの宿題など、出品される品の奇抜さが注目を集めているが、実際の取引で一貫して多いのは、意外にもユニクロなどのファストファッションの服なのだという。従来のネットオークションで多く取引されていたブランド品の取引も比較的多いのだが、この6年間取引されているブランドはナイキとユニクロが1、2位を占めており、傾向は二極化しているという。

ファストファッションの売り上げにも影響するのでは、という指摘もされるようになった。例えば、1万円で服を買い、数回着て7000円で売れるとすれば、3000円で買ったのと同じ計算になる。元々の定価が1万円の服と3000円の服では、流行を取り入れることはできても、やはり素材や縫製など、見た目の質感には差が出る。売れることを見越すことができれば、1万円の服を選ぶ人は増える。そうなると、ファストファッションが売れなくなるのではないか、というわけだ。

メルカリは「限られた資源を分かち合う」ためにある？

「断捨離」を提唱する本がブームになったのは２０１０年のこと。以来、「クローゼットの中の着ない服を整理し、すっきり暮らそう」というメッセージが、雑誌や本、テレビなどを通じて発信され、すでに定着した感すらある。だが、いくら着なくなったとはいえ、服を捨てるのには誰しも抵抗がある。「誰かが使ってくれるなら」とは思うものの、フリーマーケットを開くとなると、それなりの品数も必要だし、一日仕事だ。かといって今のご時世、「お古」をあげると喜んでもらえるどころか、かえって迷惑になる可能性もある。メルカリは、その「誰か」をより簡単に見つけ出せるシステムとして登場し、多くの人に受け入れられていったのだ。

実はメルカリは創業時から、「限られた資源を分かち合う」ことを理念に掲げてきた。創業者の山田進太郎・代表取締役会長兼ＣＥＯが会社をおこす前、１年ほどかけてバックパッカーとして世界一周旅行をし、新興国の人たちの生活に触れるうち、「何とかしたい」と考えるようになったのだという。

そんな理念を知り、私と藤田さつき記者は、ぜひ山田氏に話を聞きたいとインタビューを申し込んだ。たしかに、これまで捨てられる運命だった品が誰かの手元に渡り、生かされるという意味では、限られた資源を分かち合うシェアリングエコノミーの象徴と考えることができる。一方で、プラスばかりとはいえない面も指摘され始めており、現状をどうとらえているのか、話を聞きたいと思ったからだ。

海外への事業展開に関わり、日本にいないことが多いという山田氏のインタビューは難しいのではと思っていたが、忙しいスケジュールの合間を縫って、1時間半の取材の場を設けてくれた。2018年11月上旬、六本木ヒルズにあるメルカリ本社でのインタビューに、山田氏は白シャツに濃いめのブルージーンズというシンプルな出で立ちで現れた。

山田氏は1977年、愛知県生まれ。早稲田大学の学生だった1999年、インターンとして楽天のネットオークション事業の立ち上げに関わり、2001年には自身で「ウノウ」を起業。ゲーム「まちつく!」などがヒットした。2010年にアメリカの会社に譲渡し、2012年に退職。そこで、約1年間、旅に出た。すでに30代半ばで、社会的な地位も得ていたのにバックパッカーという手段を選んだことについて聞いてみると、本人にとってはごく自然な選択だったようだ。

「前の会社を辞める時、またインターネットの会社をやろうと思ってはいたけど、はっきりしたアイデアはなかった。1回会社を始めちゃうとなかなか長期休むことはできないので、独身だったのもあって、今のうちに1年休んでみようかな、みたいなことがまず決まって。行きたかったところをリストアップして、全部つないで出かけました。先進国なら後で行く機会があるだろうから、遠いところで、なかなか行く機会がないところを回ってみよう、と思いました。

僕は旅行が好きで、アジアとか近いところはよく行っていました。遺跡や建築が好きですし、旅行者なので限界はあるにせよ、現地の生活を知るためにはバックパックの方がいいかなと思ったんです。友達も結構できますしね。それまでも、そういうスタイルの旅はちょくやっていましたが、何カ月も行くのは初めてでした」

新興国を旅していると、そこで生きる人たちの暮らしとも触れ合うことになる。その経験が、心に刻まれたという。

「インドの鉄道では、子どもが1杯5円とか、10円とかいう値段で、チャイを売りに来ました。南米ボリビアで案内してくれた運転手は、助手席に小学生くらいの子どもをずっと連れていました。そういうところで生まれたがゆえに、教育を受けることより、そうやって少しでもお金を稼ぐことを優先させなければならないわけです。この生活からどうやったら抜け出せるんだろう、と考えました。

なぜ先進国のような生活ができないのかというと、情報やお金が回っていない、というのが大きいんですね。たとえば農家なら、農作物がどこで高く売れるかといった情報がないし、畑を開墾したくても信用がなく融資が受けられない。でもスマートフォンを使えば情報やお金が回り、解決できると思ったんです。

先進国の人たちは新品のものでもいらない、といって捨てちゃっているわけですよね。もったいないから譲りたいと思っていても、これまではそういう手段がなかったけど、簡単に誰かに譲れるような仕組みがあればいいんではないか、と。捨てるのは簡単ですけど、誰でもいいからもらってほしいと思う人はすごく多いと思うし、それは誰かにとって価値のあるものでもある。そういうつながりで、新興国の人も先進国の生活に近づけるんじゃないか、というようなことを考えました」

三振かホームラン

帰国して目の当たりにしたのは、スマートフォンの普及だった。かつて楽天でネットオークションの立ち上げに関わり、個人間の取引の可能性を感じていた山田氏は、「これをスマホでやれば、世界でもチャンスがあるし、社会的意義もある」と考えた。

先進国ではものが簡単に捨てられているけど、そんな生活を続けていたらいつか破綻する。捨てるくらいなら誰かにもらってほしいと考える人や、自分にとっては価値がないけど、他の人には価値があるものは多い。

ネットオークションの分野ではすでに、ヤフーオークションという「巨人」がいた。だが、パソコン中心で、個人が気軽に取引できる感じではない。これをスマートフォンで簡単に取引できるようにすれば、十分勝算はあると山田氏は見こんだ。「うまくいかなければいかないだろうな、三振かホームランかな、と。どうせやるなら大きくやろう」。そんな思いで、事業をスタートさせた。

ヤフーと差別化するためにこだわったのは、ＣｔｏＣ（個人から個人）で、スマートフォンで誰もが簡単にできるものを作ることだ。イメージしたのは、「ネットに特に詳しくない、大学時代の友達が気軽に使えるような仕組み」だという。スマートフォンで写真を撮り、値段を決めたらすぐ出品できる。価格は固定されているので、ほしいと思えばその場でクレジットカードなどで支払える。オークションだと7日待たなければいけないが、すぐに取引できた方がいい。安心して取引できるように、購入後もいったんメルカリがお金を預かり、壊れていたりした場合は保証する——。ユーザーテストを重ね、説明書を見なくても自分で写真を撮って出品するにはどうしたらいいか、その場ですぐ支払うにはどんなシステムがいいか、安心して取引してもらうには、と徹底して考えたという。

その戦略があたり、メルカリは急成長。消費のあり方を変えた、とまで言われるようになった。その手応えは、山田氏も十分に感じているようだ。

「消費のあり方が変わったところはあると思います。売り買い自体はいままでもやっていた人はいて、フリーマーケットに出したり、バザーに出したりというようなことはありました。その感覚をより身近に味わえるようになった、そういうサービスが提供されるようになったということなのだと思います。マイノリティーだった動きがマジョリティーに広がって、売る楽しみとか、安いものをバーゲンで探す楽しみを、より手軽に味わえるようになった。だからたくさんの人がまたやろうとリピートしてくれて、お客様の支持が集まって、1千万人まで来たのだと思います。

売った時の喜びや、捨てるなら少しでもお金を得ようという感覚は、以前はあまりなかったと思います。戦前は個人売買は普通にあったけど、ここ数十年は売る人と消費者が別々、という状態が続きました。そこからの脱却、昔に戻ったみたいな感覚ではないでしょうか。

テクノロジーの進歩によって、元に戻りつつあるのかなと感じています。

表に見える形で、消費のスタイルや、中古品への考え方が変わるのを見るのはうれしいですね。サービスをやっていてよかったな、と。もっとできることもあると思うので、世界に広げていきたいと思います。

世界中の全員が、いままでの先進国の人たちみたいな生活はできない、というのは、ほぼ決まっていると思うんですよね。資源も足りないし、ごみもすごく増えちゃうし。それを再利用して、資源が大切に使われるようになっていって、ひいては新興国の人たちも同じような生活ができるようになれば、ミッションの実現につながっていくと思います」

「数回着て、手放す」問題

ただ、私と藤田記者は、別の影響についても問わなければと感じていた。たしかに、使わなくなった品がタンスに眠ったり、捨てられたりして無駄になるよりは、誰かの手に渡り、有効活用される方がいい。そこに金銭が介在することで、一つの市場が生まれ、お金が回っていく。

だが、それだけでは、製造コストを下げるために賃金の安い国に大量発注し、新品の服が大量に捨てられるような状況を変えるのは難しい。それどころか、次々に服を買い、売るというサイクルが早まることで、大量消費を加速させる可能性もある。実際、メルカリを試着の後始末のような形で利用している人もいるという。たとえばユニクロのインターネットサイトで、同じ商品をサイズ違いで何枚も購入し、試着した後、合わないサイズのものを出品する、という具合だ。未使用品とはいえ、「中古品」が、それでも元を取れるような値段で売れること自体が驚きだが、メルカリの場合はキャンペーンなどで得たポイントの利用により、定価より高くても売れることすらあり、交通費や買いに行く時間を考えれば、元が取れるというわけだ。

その取引自体は、売りたい人と買いたい人のニーズが一致すればそれでいいわけだが、「資源を分かち合う」という観点から見た時に、こうした買い物の仕方が広がっていくことが果たしてプラスといえるのかどうかは、議論の余地がある。また、「数回着て、手放す」スタイルが定着すれば、一つ一つのものへの愛着は薄れる。消費者のサイドだけで考えれば、それでも使いたい人の手に商品が渡っていくのであれば、資源として活用されていることにはなるだろう。だが、「たくさん買い、（捨てないとしても）手放す」ことが当たり前になっていけば、大量に作り、大量に売るという仕組みがますます加速していく可能性もある。メルカリは、「大量廃棄社会」があるからこそ成り立っていると考えることもできる。
そうした点についても聞いてみた。想定していない質問だったのか、山田氏は少し考え、言葉を探しながら答えてくれた。

「僕は大量消費には、大量に同じものを作って、残っているのに捨てるというイメージを持っています。その意味では、服もまだ着られるなら他の人が使うのは、環境にはいいですよね。無駄なものを作らなくていいのならそれに越したことはない。地球への環境負荷を考えればそちらの方がいいという前提で、ビジネスモデルを作っていくべきだと思うんです。

経済という観点から考えた時、メルカリでものを買う人が増えたことにより、100個売れていたものが80個しか売れなくなったという議論もありますが、資源の有効活用という点ではいい。もっといえば、一次流通と二次流通がぐるぐるすることによって、むしろ消費が増えている面もあるのではないかと思います。一概に減っているかというと、例えば1万円で買って8000円で売れるから、実質2000円になる、だからこそ買おう、っていう人だっていると思う。

そういう循環の中で、価値が落ちないものを作ろうというモチベーションも高くなっているのではないか、という気がしています。新しい消費スタイルが出てくる中で、どう適応するか。じゃあ中古でも値崩れしないような良いものを作ろう、とか、中古の価値が高まれば新品も売れるよねとか、ポジティブに考えればいい。ユニクロさんもそうですけど、中古のバリューが高いから、ますますユニクロを買おう、という風になるんだろうと思う。全体を見れば、不必要なもの、作らなくていいものは作らなくていいし、価値があるものはもっと売れていくというのは世の中の大きな流れになっていて、その中でのビジネスモデルを考える方が、健全なのではないか、という気がします。

たとえば音楽業界も、オンラインで定額制になったら『じゃあライブで稼ごう』というビジネスモデルになる。ものだけにお金がつくというよりは、サービスや体験も含めたものが消費される。こういう流れに各社が対応するのは、むしろビジネスチャンスなのではと思っています」

メルカリでは確かに、ファストファッションがたくさん取引されている。だが、そのことは大量消費社会を加速させるというより、中古でも使えるいいものを作ろうという動きにつながっていくはずだ、と山田氏は見ていた。

「二次流通があることで、そこで売れるからより売れやすくなるものもあれば、すぐぼろぼろになっちゃうから売れない、というものも出てくる。そうすると、やっぱりいいものを作らなきゃダメだよね、という風に世の中全体としてはなっていくと思うんですよね。メルカリでは良いものは高く売れるので、価値が落ちない商品を作っている会社が強くなる気はします。逆にすぐぼろぼろになる品はメルカリでも売れない。だから淘汰されていくのではないでしょうか」

当初抱いた理念の実現に向けて、方向性は間違っていない。だが、規模感はまだまだ足りない、というのが、実感だという。インタビュー時点ではまだ明らかにされていなかったが、２０１７年にサービス提供を始めたイギリスからは２０１８年末に撤退を決めた。

「ミッションの実現という意味では、全然じゃないですか。ある程度使ってもらっているとはいえ、利用者は日本で月約１０００万人。人口の10分の1以下ですし、世界で考えたら70億分の１０００万。アメリカやイギリスにも進出しましたが、試行錯誤中です。思ったより時間がかかるな、という感じです。『世界的な』という意味では数十年スパンで考えないといけないかなと思っています。

ただ、サービスが良くなれば使ってくれる人が増え、それによりデータが増えれば、サービス改善に生かせる。もっとできることがあるのにな、という感覚は常にあります。出品の仕方も、配送も、もっと簡単にできるかもしれない。いずれは、ビデオで商品をバーッと撮れば、どういうブランドのどんな品かを判別して、定価はいくらで何年くらいたっているから、このくらいの価格で……というのを全部自動で入力できて、ボタンを押しさえすればいい、というような仕組みができるかもしれない。技術的な解決はまだまだできる部分がたくさんあると思っています」

必要なのは「安心」

サービスを拡大していくにあたって、重要になると見ているのが、安心感だという。

「ユーザーを2千万人、5千万人と増やそうとしている時に『メルカリって危ない』と思われると成長が止まってしまう。安全安心か、社会的な責任を果たしているかは、ビジネスの大きさに直結します。『違法じゃなきゃいい』では、多くの人に使ってもらうミッションが達成できません」

インタビューの前年には、夏休みの宿題や現金が取引されていたことが大きく報じられ、社会問題化した。山田氏は、「自分たちはベンチャーでという感覚でやっていたのが、社会では影響力のある存在と見られていることに気づくのが遅れ、反省している」と振り返った。

メルカリ社内では問題が起きた後、「違法でない限り自由な取引を」という方針から、「自分たちでルールを作り、ある程度の規制を」という方向に変わってきたという。山田氏は「社会の公器」という言葉を使った。

「ＧＡＦＡ（グーグル、アップル、フェイスブック、アマゾン）のように誰も追いつけない状態になってくると、規制する流れがないと何でもできてしまう。お金もほぼ無限な状態で、一時期のＩＢＭやトヨタなどの支配力とも比べものにならないくらいです。Ｇｍａｉｌも使っているし、Ａｎｄｒｏｉｄも使っているし、グーグルがなくなったらめっちゃ困るよねという話になってくると、何かしらの倫理的なルールが必要になってくる。うちはそういう意味ではまだ全然そこまで行けていません。とはいえ、少なくとも日本においてはある種の社会の公器になりつつあると思うので、そこはちゃんと向き合っていくことが重要だと思っています。社会の要請を受け止めて、誠実に折り合いをつけていくことが必要だと思っています」

１時間半に及ぶインタビューの最後、藤田記者は「失礼ながら、思っていたよりすごく堅実なんだなと感じました」と口にし、山田氏は「そうですか、ありがとうございます」と笑いながら応じてくれた。

思わずそう口にしてしまいたくなるほど、山田氏の語り口は実直で、一つ一つの質問に丁寧に向き合いながら、答えを探してくれている印象だった。ＩＴベンチャーの経営者といえば、とかく派手なイメージがつきまとう。山田氏の同年代には、ＺＯＺＯの前澤友作社長のようなタイプの創業者もいるが、そのような突き抜けた雰囲気はない。これだけ急成長した企業の経営者ということで、私自身もかなり緊張していたが、こうした経営者が持つ独特のオーラ、言い換えれば威圧感のようなものを感じることは全くなく、拍子抜けするほどだった。遺跡や建築が好きだというのも、お金には困っていないのにバックパッカーという旅のスタイルを選んだというエピソードも、納得感があった。右肩上がりの時代が終わり、成熟した低成長の時代を象徴するような「カリスマ経営者」だ。

日本の買い物のあり方を大きく変えたメルカリ。その創業者が目指すのは、「資源を分かち合う社会」だ。たった6年でこれだけの変化を起こしたことを思えば、もしかしたら実現も夢ではないのかもしれない、とも思う。

とはいえ、こうしたアプリは開発者が望む方向にだけ発展していくとは限らない。当初、自由な発信を重んじていたフェイスブックやツイッターも、差別的な投稿や犯罪にからむやりとりなど、悪意のある形での利用が問題化し、ある程度規制する方向へとかじを切っていった。メルカリの空間もまた、開発者側と利用者側が一緒に作っていくことになる。ここからどこへ向かっていくのか、引き続き見守っていきたい。

3　私たちが「大量廃棄社会」を変える

文・藤田さつき

誰が私の服を作ったんだろう？

「Who made my clothes?（誰が私の服を作ったんだろう？）」

インスタグラムで、モデルたちが闊歩するキャットウォークで、イベント会場で。2018年4月、こんな問いかけが響き合った。ファッションのあり方を変えようというキャンペーン「ファッションレボリューション」が打ち出すスローガンだ。

この章の冒頭で仲村和代記者が書いたように、産業化が進んで大量生産・消費社会が生み出された結果、私たち消費者から作り手の距離は遠くなり、作り手の姿は見えなくなった。ファッションレボリューションは、そんな風に「見えない服の作り手」へ思いを馳せ、彼女ら彼らの現状を知ろうとする運動だ。18年のレボリューションウィークが行われた4月には、世界中から2億7500万人が「#whomademyclothes」にアクセスし、欧米や日本、韓国、南米などの約50カ国で1000を超える数のイベントが開かれた。

消費者たちの中にいま、「ファッションを変えなくては」という意識が確かに息づき始めていることを感じる。

まだ2ユーロで、このTシャツが買いたいですか?

ファッションレボリューションは、2013年4月に起きたバングラデシュのファッションビル「ラナプラザ」の倒壊事故がきっかけとなって生まれた。本部はイギリスにあるが、現在は約百カ国に拠点を持つ。

キャンペーンへの参加の方法は様々だ。「Who made my clothes?」と書いた看板を掲げて街を歩くのもよし、ファッションレボリューション主催のフリマなどのイベントに参加するのもいい。自分が持っている服のメーカーへ「どこの工場で、どんな労働環境のもと作られたのか」と問い合わせしてもいいし、服のタグを見せながら自撮りしてSNSに投稿するだけでもいい。こうした消費者による一つの一つの働きかけが積み重なることで、巨大なアパレル産業へ影響を与えることを狙っているのだ。

世界各地でユニークなワークショップも行われてきた。話題になったのは、２０１５年にドイツで実施された「Tシャツの自動販売機」だ。

買い物客が行き交うベルリンの広場の真ん中に、自動販売機が1台ぽつんと置かれている。白いTシャツがずらりと並ぶ自動販売機には、「2ユーロ（約２５０円）」という表示。Tシャツ1着の値段にしてはずいぶん安い。S、M、Lなどのサイズも選べる。だがお金を入れると、自販機のモニターに途上国の縫製工場で働く少女たちの姿が映し出される。「私たちの安い服を作るために」「時給13セント（約13円）で働く」というテロップ。初めは飛びつくように硬貨を入れた買い物客の表情が変わっていく。映像の終わりに、「まだ2ユーロで、このTシャツが買いたいですか」というテロップが流れ、次いで「買う」「寄付する」という二択のボタンが表示される。

ファッションレボリューションが公開するPR動画では、多くの人たちが「寄付する」というボタンの方を選んでいた。そのボタンを押す時の人々の表情が印象的だ。工場の映像が流れる間は眉をひそめるような、または虚を突かれたような顔をしていたのが、最後にボタンを押す時には晴れ晴れとした表情に変わっているのだ。PR動画の最後には、「みんな知ることさえできれば、気配りができるのです」という言葉が流れた。

まさにその通りだと思った。消費者一人一人が服の作り手の状況を知って自分なりの一歩を踏み出すことが、現状をがらりと変える力を持つと私は思う。

こうした「誰が作ってくれたの?」という問いかけに対し、「I made your clothes」と作り手たちが応答する動きも広まってきた。問いかけの数に比べればまだまだ少数だが、2018年は前年の1・4倍の3838もの答えが寄せられたとファッションレボリューションは報告している。ハッシュタグへ投稿された返答には、作り手の写真や工場名とともに「仕立職人を目指して検品担当をがんばっています。21歳のインド人青年です」や「手刺繍の専門家の女性です」といった書き込みも。作り手がこうして名乗り出ることでファッションの生産現場が社会に見えるようになれば、適正な労働環境づくりにもつながっていくだろう。

海外に比べるとまだ大きくはないが、日本でもファッションレボリューションの活動は少しずつ広まってきた。

2018年4月、東京・池尻大橋のスペースで行われたイベント「服を通して未来を考える」を訪れた。こぢんまりした会場は約百人の観客でほぼ満員で、熱気に満ちていた。

ファストファッションの代償を描いたドキュメンタリー映画『ザ・トゥルー・コスト』の

上映会が行われた後、「私たちにできること」をテーマにトーク・ショーが始まると、会場からどんどん声が挙がった。観客の多くが20代から30代前半ぐらいまでの若者たち、いわゆる「ミレニアル世代」の人たちだ。

トーク・ショーの登壇者に、エシカルファッションブランドのオーナーや広報担当者らに混じってひときわ若い女性がいた。２年前からブログやＹｏｕＴｕｂｅ、ＳＮＳで、暮らしにエシカルな考えを取り入れようと情報発信を続けてきたＴｏｍｏｏｏｍｉさんだ。

ブロガーのケース

Ｔｏｍｏｏｏｍｉさんは、神奈川県に住む社会人２年目の23歳。大学生時代は、ファストファッションブランドのＧＵでアルバイト店員をしていた。

ＧＵはユニクロの姉妹ブランドだ。ユニクロはベーシックなアイテムが多いのに対し、より低価格でトレンドを重視した品揃えで知られる。

Ｔｏｍｏｏｏｍｉさんによると、ＧＵでは新商品を毎週店頭に並べるために、売れ残っている服がどんどん値引きされたという。服の入れ替わりのサイクルは速く、定価１９９０円のものが最後は１９０円で売られることもあった。そんな売り方や売上ノルマに彼女は疑問を感じるようになったが、それでもＧＵの服は好きだったという。

「トレンドを押さえた服が多くて、それをうまく着ていれば大丈夫、という感じだった。そんな服が千円ぐらいで買えるのは、学生でお金のない私たちにはすごくありがたかったんです」

ただ、店員は店で販売中の服を着なくてはならない。社内販売価格で多少安く買えるとしても、クローゼットにどんどん服がたまっていくのに辟易《へきえき》していた。そんなジレンマを抱えていた折に知ったのが、ラナプラザの倒壊事故だった。

「衝撃でした。自分が着ている服で誰かが傷ついているかもしれないなんて。そもそもバングラデシュとかの生活の質を考えたこともなかった。日本の生活とは全然違うことや、服作りがこんなに現地の人や環境へ無理をかけていることも知りました。それがもし近所の知り合いだったらすごくつらいけど、遠い外国の知らない人だから考えも及ばなかった。でも洋服を作るのも着るのも人と人なんだと、この事故をきっかけにして初めて考えました」

おしゃれはしたい。いまのバイトをしている間は「服を買わない」という選択肢もない。でも自分が着る服のせいで誰かが傷つくのはいやだ。じゃあ、どうすればいい？

思い悩みながら、Ｔｏｍｏｏｏｍｉさんは服作りの現場を訪ねるスタディツアーや、ファッションの循環について学ぶ場に参加するようになった。そして彼女のなかで形になっていった考えが、「ファストファッションだって、人の手で1着ずつ縫われている。だから目の前の服を大事に着よう」というものだった。

Ｔｏｍｏｏｏｍｉさんはブログ「ＴＨＥ　ＳＴＯＲＹ.」を立ち上げた。服を数回着ただけで捨ててしまうことがないよう、バイトで磨いた着回しのアイデアや服選びのコツについて動画を作成して発信した。服の勉強会で学んだこともレポートに書いて紹介するようにした。

「ファストファッション＝『悪』というわけじゃなくて、うまく取り入れて長く使っていくことが大事だと思う。大切に着れば、どんな服もエシカルに着られると思うんです」

学生起業家のケース

自らの問題意識を出発点として、「透明なパンツ」というヒット商品を作った大学生もいる。学生企業「ワンノバ」を立ち上げた高山泰歌さんと金丸百合花さん。現在、慶應義塾大学湘南キャンパスに通う3年生だ。

「透明なパンツ」の値段は、１枚３５００円だ。けっして安くはないが、この価格は様々な

ワンノバの透明なパンツ

工夫や思いが積み上げられた結果だ。

「透明な」とはいうものの、パンツ自体が透けているわけではない（「『透明なパンツ』発売」というデジタル記事を書いた際は、誤解してクリックしてくれた読者の方々がたくさんいたが……）。見えるのは、製造のプロセスだ。

たとえばワンノバの販売サイトには、パンツのウエストゴムを製造した工場の名前まで明らかにしている。その工場は、石川県かほく市の北陸ウェブ株式会社だ。「きつすぎず、緩すぎず。ほどよい締まりをパンツにあたえることをできているのは、ここの工場の職人さんたちの技と努力の結晶です」と紹介し、ホームページのリンクが貼られている。縫製や染色、タグデザイン、刺繍を手がけた国内工場もすべて公開している。パンツの原価、つまり製造にかかったコストも「1680円」と明示し、その原価となった条件である「素材」「製造日」「発注枚数」の最新データとともに載せる。

　こうした取り組みは、本書の「アパレル業界編」で紹介した、製造工程の透明性を目指す「10ＹＣ」などと共通する新しい流れだ。ワンノバは商品のクオリティの高さと、アイテムをメンズパンツに絞ることで実現したメッセージ性にもこだわっている。

　ほどよいゆとりを持たせたフロント部分。パンツの内側にタグは一切無く、下着で重要な肌触りや心地よさを追求した。さらにオーガニックコットンという環境に配慮した生地を用いながら、発色がきれいな５色のカラーや、伸縮性が高くて体に気持ちよくフィットするデザインも実現した。服作りでは素人だった彼らは、国内の専門工場に飛び込みでお願いして、技術的に一から教えてもらったのだという。

　こだわりの狙いを、高山さんはこう説明する。

「エシカルファッションにありがちなダサい商品がいやだったんです。売れなければエシカルの目的も達成しないですから」

　金丸さんもうなずきながら、思いを語ってくれた。

「正義感のために、好きでもない服を着るのはつらいですよね。『社会のため』とか『地球のため』に服を選ぶのって、なんか違う。やっぱり好きなものを着るのが健全だと思います。

好きだからこそ買ってもらえるし、長く大切に着てくれると思う」

ワンノバがエシカルな服作りに取り組むようになったのは、特に金丸さんの影響が大きいだろう。

お母さんの出身国フィリピンに、毎年のように訪れていた金丸さん。だが高校2年の時、学校の課題図書で人類学者鶴見良行の『バナナと日本人　フィリピン農園と食卓のあいだ』(岩波書店)を読んで初めて、バナナのプランテーション農園で労働者たちが経験してきた辛苦の歴史や、そこで栽培されたバナナが主に日本へ輸出されてきた事実を知る。これを機に金丸さんは、フェアトレードのバナナをイベントなどで販売する活動を始めるようになった。

ただ2人は、世の中で少しずつ聞かれるようになった「エシカル」や「フェアトレード」という言葉につきものの、厳格さや「上から目線」な雰囲気が気にかかっていた。「正しければ、おしゃれでなくてかまわない」となるのはいやだ、と考えていた。

そこであえて選んだアイテムが、メンズパンツだったのだ。

「エシカルなTシャツとかって、いかにもありがち。意識高い系の、値段も高いTシャツですねと、スルーされてしまうかもしれない。でも、エシカルなパンツ、しかも男物のパンツならば珍しい。パンツってなんか面白おかしい感じがするし、誰もが毎日、服のなかにはいているもの。ただの思いつきではあるんですが、パンツはエシカルの堅苦しい感じを崩してくれると思ったんです。『透明なパンツ』というだけでキャッチーで、何だろうと思うでしょ？」

高山さんは説明する。前述したように、デジタル記事がその見出しによって多くの人に読まれたことを考えても、狙いはばっちり当たっている。

「透明なパンツ」は高感度な男性や女性に注目された。２０１８年春から50万円を目標にスタートしたクラウドファンディングでは、ひと月そこそこで４２３人から計約２０６万円が集まった。７月の発売当初はオレンジとブルーの２色展開だったが、４カ月後にはさらに３色の新商品も追加し、売れ行きは好調だ。

「ワンノバ」の由来は「One of a kind」、「ユニークな」とか「唯一無二の」といった意味だ。だが彼らはその言葉を「みんな違ってみんないい」という風にも捉えているという。

高山さんはその理由をこう語った。

「商品を売る時に、わかりやすいアピールポイントを絞ってお客さんに『売り』を伝えることがずっと当たり前だったけど、それは『好きの押し付け』なんじゃないかと僕たちは考えるようになった。だからワンノバでは『透明性』によって僕たちをまるごと伝えて、お客さん一人ひとりの『好き』を見つけてもらいたいと思ったんです」

Ｔｏｍｏｏｏｍｉさんも、ワンノバの２人も、20代前半だ。ファッションレボリューションのイベントに参加していた人たちも、多くが若者たちだった。そんな若い世代が、自分の買い物を通じて、地球環境や遠い国の人々の暮らしを考えることに興味を持っていることを思うと、未来は考えていたより明るいのかもしれないと感じる。これまで大量消費を思う存分享受してきた私たちの世代も、彼らを見習ってできることからやっていかなければという気持ちになる。

元・渋谷109店員のモデルが考える「エシカル」

２０１８年７月、仲村和代記者と書いた洋服の大量廃棄の記事と並行して、私（藤田）は「服が安く買える社会」と題した新聞のインタビュー企画を同僚記者と担当した。手頃な値段のおしゃれな服が人気を集める衣料品チェーン「しまむら」の社長、江戸時代における着物のリサイクル文化に詳しい田中優子・法政大学総長とともに、消費者としての服への向き合い方を語ってくれたのがモデルの鎌田《かまだ》安里紗さんだ。現在26歳で、慶應義塾大学大学院の博士課程でパターン・ランゲージの手法を用いた研究をしている。パターン・ランゲージとは、アメリカの建築家が提唱した、専門知識が必要なまちづくりなどのデザインに共通言語を用い、誰もがデザイン過程へ参加できるようにする手法だ。

実は「透明なパンツ」の２人は、鎌田さんの大学の後輩だ。鎌田さんから「こんな面白いことをやっている子たちがいる」と教えてもらった。そんな彼女は現在、エシカルな取り組みを広める活動や服の生産現場を巡るスタディツアーにも取り組んでいる。でも10代のころはギャルファッションが大好きな女の子だったという。渋谷１０９で店員をしながら雑誌の人気モデルとして活躍し、服の販売や企画にも関わっていた。

同僚の高久潤記者とともに行ったインタビューで、鎌田さんはファッションの仕事に携わるなかで自分の服の選び方がどのように変わっていったかを語ってくれた。服にとどまらない日々の消費のあり方を考えるうえでのヒントや、「エシカル」についてどうとらえればいいかについての論考もあって、とても示唆に富む話だった。インタビューの詳細版をここで紹介したい。

Q　もともと109ファッションが好きだったのですか？

鎌田　子ども時代を過ごした徳島では、いつも雑誌を読んでトレンドを追いかけていました。初めて渋谷の109に行ったのは小学6年の時です。好きだったブランドは、109ブランドの王道のセシルマクビーとリズリサ。それで東京の高校に進学すると、バイトをしていい学校だったので、109のほぼ全店に履歴書を出しました。16歳で休日だけ働くことが可能だったお店で、店員をすることになりました。

Q　そのころはまだエシカルファッションには興味はなかったのですか。

鎌田　以前から途上国の貧困問題には関心があったんです。14歳の時に家族旅行でインドネシアのバリに行って、ホテルから一歩出た街の印象が強かった。路上で人が寝ていたり、観光地でもお金をちょうだいと集まってくる人たちに囲まれたり。自分とは全然違う環境で暮らしている人たちがいる、と知りました。

高校の授業で、フェアトレードという言葉を知りました。服のフェアトレードはないのかなと思って自分で調べ、ピープルツリーというブランドも知りました。だから109の販売員を始めた早い段階で、フェアトレードに興味を持っていたんです。でもあくまで勉強として興味を持っていて、自分のファッションはファッションで楽しんでいました。それが途中から次第に、うちの店の服作りってどうなっているんだろうと気になりだした。

Q　そのきっかけはなんだったのですか。

鎌田　私が働いていたブランドは中国に自社工場を持っていて、デニムを中心に、生地や製法にこだわって服を作っていました。販売価格は安いと言えば安かったけど、以前はそこまで低価格じゃなかったんです。Tシャツで４９００円くらいだったと思います。それが、ちょうど私の働き始めた２００８年ごろに、海外のファストファッションブランドが日本上陸し、浸透するのと同時にブランドの状況も変わってきました。09年、10年ぐらいにお店でよく聞くようになった会話が、「これかわいい」「でもさっきあっちのお店で似たような服がもっと安かったじゃん」。これ、本当に1日に5回以上は聞きました。そのころから店では、価格を落とさないと売れないという話になり、素材を変えたりしました。それに伴って販売価格も下がりました。

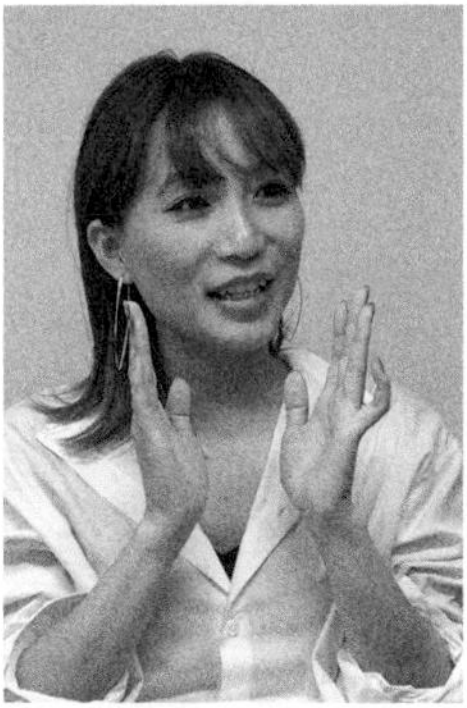
鎌田安里紗さん

11年ごろからは私も服の企画に参加し始めましたが、当時、店ではオリジナルアイテムの企画に加えて「買い付け」もするようになっていました。生地を買い付けるだけでなく、服ごと買うわけです。中国や韓国の買い付け場に行くと、大量のサンプルがぎゅうぎゅうに置いてある。その中から、売れそうだなというトレンドのものを選んで、発注するんです。買い付け場には、109の他のお店の人たちも来ていました。同じ場所で服を見て、時には同じ服を買って、タグをそれぞれに付けて店頭に出すわけです。だから当時、109をぐるっと回ると、店が違っても何着か同じ服が見つかることがありました。まさに目の前で、服の作り方がどんどん変わっていく感じでした。服の値段を落とさなくてはいけなくなり、いちから自分たちで服を作るのはコスト的に見合わなくなったので、買い付けも必要になったんだなと感じていました。

Q　でも消費者の立場では、安くてかわいい服が手に入るのは悪いことではない。鎌田さんはどう見ていたのですか？

鎌田　消費者としては楽しいですよね。かわいい服が安く買えて、いろんなコーディネートができる。ただそのころから、私は服の多さに飲み込まれるような感覚があって、少しうんざりしていた気もします。当時は雑誌の仕事をしていて、毎月、私服企画というのがありました。私服で自分のコーディネートを撮るので、毎月新しい服が必要になりました。またブログ全盛の時代でもあって、ブログに載せるコーディネートを更新するために、さらに服が必要になりました。安くてかわいいものが買えれば、いいコーディネートが組めそうだと楽しんでいたともいえるし、ある種、たくさんのコーディネートを見せることに囚われていた感じもありました。

Q　その状態からエシカルファッション志向には、どのように変わったのですか。

鎌田　私が仕事で服の買い付けに行くようになって感じたのは、買い付け場には服や生地はたくさんあるけど、人が見えない、ということでした。この服や布はどこから来るんだろう、誰が作っているんだろう、という疑問が浮かびました。デザインを提案して仕様書をメールで工場に送ると、ぽーんと服が返ってくる。そんな感じだったんです。あまり人が作っているという実感がなかった。ラナプラザの事故も起きる前でしたが、どんな環境で誰が服を作っているのか全然つかめませんでした。自社の縫製工場ならまだしも、生地や副資材の生産現場となると、全く情報がありませんでした。販売員じゃなくて企画生産の立場に回っても、そんな風に人の姿が全然見えてこなかったのです。

一方で私は2013年に雑誌の専属モデルでなくなって、服を買うサイクルが変わりました。毎日違うコーディネートにする必要がなくなって、たくさんの服を買わなくてもよくなったので、1着1着がそんなに安い服である必要もなくなりました。毎日ほとんど同じような服を着ていても気にならなくなりましたね。雑誌時代は常に違う服を着ていなきゃいけないという強迫観念があったけど、自分の気分が上がる程度に服を楽しめばいい、と考えるようになりました。となると、なにに気分が上がるのかなと真剣に考えるようになったのです。

安ければいいと思っていたわけではなかったし、流行と一致していることがいいという感覚もなかった。どちらかというと、服の生産背景が見えるとか、服の作り手がめちゃめちゃ熱い人だと分かったり、環境に負荷がかかっていなかったりする服を着ている方が、気持ちがいいなと感じていました。高校生の時、フィリピンの貧困層の女性たちと商品を作る企画をしたことはあったんです。でも当時は「途上国支援」「社会貢献」みたいな認識が強かった。その時はフェアトレードを「勉強の対象」のように捉えていたのですが、もっと自分自身の行為とぴったり重なった仕事や生活のあり方そのものだという実感を持つようになりました。つまり、かつてはフェアトレードやエシカルファッションは、自分の生活に余裕があれば買う「貢献」や「支援」だと思っていたけど、そうしたオプションみたいなものではなく、自分の生活自体が問題にもなり得るし解決にもなり得るものなんだと考えるようになったのです。

Q　いま鎌田さんはエシカルファッションを広める活動をしていますが、「エシカル」とは

どう定義すればいいのでしょうか。

鎌田　エシカルは直訳すると「倫理的・道義的」です。一般的には生産背景において、環境負荷をできるだけ減らすことや、労働環境や人権に配慮すること、動物に配慮すること、などの取り組みのことです。でも人によって力点を置くところは全く異なります。アニマルウェルフェア（動物の福祉）に力を入れている人もいるし、水の排出量が少ない素材にこだわる人、提携先の生産者の仕事が尽きないことを最優先という人もいます。

私自身が興味を持っているのは、生産だけではなく、消費のプロセスや、ものが作られてから最後に廃棄されるまでの全てのプロセスです。そのプロセスのなかで、自分自身の選択に誇りが持てるかどうかだと思っています。買うものをすべてフェアトレードにするのは難しいですよね。だから、その商品を選んだ理由がちゃんとあるとか、買ったからには長く使うとか、手放す時も最善の手放し方をするということが大切だと私は考えています。

Q　ファストファッションはどう考えればいいでしょうか。

鎌田　以前は私もファストファッションのお店で買っていましたが、いまは欲しいと思うものがないので買いません。でも、ファストファッションとエシカルファッションは必ずしも対立するものではないと考えています。実際に、ファストファッションの生産の仕組みはより自然環境や人権に配慮する方向に向かっていると感じます。ただし、ものすごいスピードで低価格の商品が入れ替わるシステムによって買う人の行動に影響を与えてしまっているとは思います。でもそれはファストファッションブランドの問題とは言い切れなくて、買う人も立ち止まって考えなくてはならない。そうすれば、ブランドが方向転換するきっかけにもなると思うんです。

Q　買う人の態度がどう変わればいいのでしょうか。

鎌田　シンプルに、「本当に自分にとって必要なものは何か」「誰にお金を払うのか」と立ち止まって考えることだと思います。またこういう情報化社会に生きていると、どこかのブランドが労働環境で問題になったぞとか、服がたくさん捨てられているらしいとか、いろんな情報が耳に入ってきます。そこにふたをしないで、もう少し掘り下げてネットを調べてみたり、それで納得のいくものを買おうと考えてみたりすることではないでしょうか。

Q　メルカリが登場して服を捨てずに売ることのハードルが下がりましたが、そのプラスは大きいでしょうか。

鎌田　メルカリもファストファッションも、それ自体にイエスやノーは言えないと思っています。良くも使えるし、悪くも使える。特にメルカリについて言うと、捨てるよりも売るのであれば、服自体の寿命は延びる可能性が開かれます。でも逆に、メルカリで売れるからどんどん買っちゃっていいやとなると消費サイクルを加速させてしまうかもしれません。彼ら自身はプラットフォームだから善も悪もないけど、どっちの行動も生むと思うんです。だから私が注目しているのは、消費者の行動です。ただ、「にわとりと卵」みたいですが、人の行動はシステムによって決まるところもある。だからシステムも変わらなきゃいけないと思うんです。

価格勝負とか、トレンドか利便性か、といった交換可能な価値で競争すると、疲弊していきます。より強い他のブランドが出てきたら潰されてしまいますから。それに比べると、エシカルのような思想をもとに唯一無二な服を作るのは、強いなとは思います。そんな生産現場を見てもらいたくてこれまでに10回ぐらい、カンボジアやスリランカ、ベトナムなどで工場のスタディツアーを行いました。岡山のデニム工場にも行きました。ＳＮＳで募集するのですが、毎回20、30人の枠が満員になります。参加者は19～21歳ぐらいの若い人たちが中心です。「エシカル」って大きくて抽象的な言葉なので、ほかにも服作りをやってみるとか、体感して自分ごとにするという企画は続けていきたいと思います。

Q　鎌田さんはどんな服が好きですか

鎌田　作り手や届け手の人が、誇りを持ってうれしそうに楽しそうに語ってくれるような、人の体温を感じる服が好きです。服って、絶対に毎日着るじゃないですか。食べ物も同じです。お話ししたように私がフェアトレードへ最初に興味を持った時は社会貢献的なニュアンスがありましたが、いまはどちらかというと自分を満たすことが一番大事だと思っているんです。日常の中で、自分が触れたり囲まれたりしているものに対する納得感が大きいと、自分の幸せに直結する気がする。だから、自分が納得できるもの選びをすることが大切になります。そして、どんなものであれば自分は納得するのかじっくり考えることが大切になると思います。逆に自分が満たされていないのに、他の人の生活をどうにかするってなんだか信じられない。まず自分が毎日着るもの、食べるもので納得できる選択をすることが自分の自信につながって、その結果として他の人の生活にもいい影響を与えられている。そんなことに私はうれしさを感じます。

近所でよく行くコーヒー屋さんに、めちゃめちゃおしゃれなご婦人やおじさまがいるんですよ。取り立てて変わった服を着ているわけでもなく、トレンドに乗っているわけでもなく。いい服はいい服なんでしょうけど、自分の基準で選んでいる感じがするんです。私も、自分の基準を大切に、自分なりのおしゃれを構築していけるといいなと思います。

目の前の「もの」に向き合う

「エシカル」を、商品が生産され流通する過程の条件でとらえるだけでなく、消費者が買った後、使われて捨てられるまでの「消費のプロセス」に注目するという鎌田さんの話はとても印象深かった。暮らしの中で、自分自身が納得できるものの選択や使い方をすることこそが大切だ。そう考えると、私にもすぐできるかもしれないという気持ちになる。

思えば２０１１年の東日本大震災の後、日本では消費のあり方を見直そうという空気が少しずつ広がってきたと思う。

それは、被災地支援になる特産品やオーガニックコットンの服を買うというようなことだけでなく、断捨離やシンプルライフ、地方移住といった、生活のあり方やものへの向き合い方にも現れているように感じる。

広島の「捨てないパン屋」ドリアンへ研修に来ていた青森出身の齋藤絢子さんが働き方を見直すようになったのは、3・11の後だった。フードロス研究者の井出留美さんも、食品メーカーを退職してフードバンクで働くようになったのは、東北の被災地での経験がきっかけだった。

3・11で日本に住む私たちは、限りある自然環境や当たり前のようにある日常の暮らしの尊さを、ひしひしと感じさせられた。多くの人が「このままでいいのだろうか」と立ち止まる機会になった出来事だった。

いまは日本中ほぼどこでも、スーパーやコンビニにさえ行けば、新鮮で食べやすくカットされ、プラスチックトレイにきれいに包装された魚や肉、総菜を買える。ショッピングモールやインターネットの通販サイトには1年中、流行の服やアクセサリーが並び、しかも手頃な値段で好みの色やサイズから選びたい放題だ。スマートフォンをポチッと押せば、その商品は今日明日にも家へ届く。それは毎日忙しい生活に追われる私たちにはとても便利だし、自分の消費のあり方を立ち止まって見直してみる時間を持つのはなかなか難しい。

規格外の野菜や肉を調理するフランス料理シェフ荻野伸也さんに取材した際、「食事の時、スマートフォンに充電するかのようにさっさと済ませる人が多いよね」という話になった。かくいう私も、会社のデスクで仕事をしながらコンビニ弁当を食べることはよくあるが、そんな状態だ。

その時、荻野さんは話していた。

「そんな風に食べている時は、食品工場でこの料理を作った人がいるとか、ここに使われているジャガイモを栽培した農家がいるとか、このお肉はもともと命があった豚が処理されたものだとかは、抜け落ちている。まさに『他人ごと』なんですよね。僕はお店で、『これは知り合いの猟師から連絡があって、今朝4時間車を飛ばして、もらってきたイノシシなんです』といった食材のストーリーを伝えるようにしているんです。それが命をいただいた責任だと思って。自分がベランダで育てたトマトとバジルで作ったピザって、おいしいですよね。思い入れがあるからです。だからせめて僕の思い入れを伝えて、他の食べ物とは少し違うように感じてもらいたい。そうやって少しでも『自分ごと』になると、お客さんの料理とその素材に対する意識も変わりますから」

それは食べ物でも服でも、どんなものでも同じだ。

「ものを無駄に捨ててしまうのは、これがどこから来たのか、ということに対するイマジネーションが欠如しているからだと思います。でももし何かのきっかけでものが自分に届くまでの過程へ思いが至った時には、消費することが当然という状態から、作り手の側に少し身を置くだけでも大きな一歩になると思うんです。たとえば、コンビニでお釣りをもらった時に『ありがとう』と言うのでもいい。自分が選んだ食事をゆっくり味わって食べきることでもいい」

春が近づき空気が和らいできたから、今日の晩ご飯は出回り始めたグリーンピースのご飯にしようかと考えること。子どもがまたズボンのひざに穴を開けて帰ってきて、でもまだ着られそうだからアイロンワッペンで塞いでみること。このチョコレートはどこで、どのように栽培された原料から作られているんだろうと疑問に思ったら、メーカーへ問い合わせてみること。

結局のところ、最も本質的なのはこんな風に、目の前にある服や食べ物といった一つ一つの「もの」に向き合おうという姿勢を持つことなのかもしれない。

おわりに

藤田さつき（朝日新聞 オピニオン編集部記者）

いま、「消費」とどう向き合えばいいだろうか。

本書のタイトルは『大量廃棄社会』だが、取材と執筆を進めながら私はこの問いをずっと考えてきたように思う。

世界中でたくさんの商品が生産され、流通しているのは、「消費されること」を想定しているからだ。そしてそのサイクルのなかで、多くの食べ物や洋服がこぼれ落ち、無駄に捨てられている。

「消費」は、「生産」と「廃棄」とつながっている。その出口であり、入り口でもあるのだ。

仲村和代記者とともに大量廃棄の実態と背景について取材を続けていると、その現場は様々な分野に広がっていった。外国人を安価な労働力として利用する技能実習制度、日本の多くの業種に根付く長時間労働、産業界のいびつな商習慣、男性に比べて権利が制限されてきた生産現場の女性たち、プラスチックごみによる海洋汚染、資源のリサイクルのあり方——などだ。

これらの問題はいずれも、現在の産業構造が築かれるなかで周到に、長い時間をかけて形成されてきた。現在、解決しようとする取り組みは少しずつ進められているが、その道のりには現実的に大小の壁が多く立ちはだかり、決して簡単ではない。

だがこの本を書き進めるうちに見えてきたのは、どの分野の問題も「消費」という扉を通せば、私たちは誰でもその解決へ向けた後押しができるのではないかということだった。消費は、すべての生産や廃棄とつながっているからだ。

私たちの取材のきっかけとなった国連のＳＤＧｓ（持続可能な開発目標）では、12番目の目標に「つくる責任　つかう責任」を定めている。本書では、読者の方々がその目標を達成するための具体的な方法をできるだけイメージしやすいようにと考えて、いくつかの現場の人たちの挑戦も紹介した。

私が取材させてもらった人たちはみんな、生産や廃棄、そして消費をするなかでぶつかったジレンマや忸怩《じくじ》たる思いを出発点にしていた。これまで前提としてきたやり方から離れ、試行錯誤しながら一歩を踏み出すことは、大きなエネルギーを必要とする。「反骨精神で始めたけど、大変です」と笑って話してくれた、徹底した透明性を目指すアパレル企業10ＹＣの後由輝さん。「パンを捨てないで」という店員の言葉をいったんは打ち消した、広島の「捨てないパン屋」田村陽至さん。もがきながらも挑み続ける人たちに出会って、私が感じた驚きや感嘆もお伝えしたいと思い、たくさん書き込んでみたつもりだ。読者の皆さんが自分の一歩を進めるときの参考になればうれしい。大量生産システムの恩恵を毎日受けて生活している私も、自分なりに消費のあり方を模索したいと思う。

もともと、コンサートや美術展を運営するイベント事業の採用で新聞社に入り、途中から記者を志して20代後半に転向した。その後に奈良、大阪社会部、東京文化くらし報道部へ赴任したが、日々流れる物事を追って、専門的な分野を持たない「雑種記者」として過ごしてきたと思う。そんな私にとっても、ＳＤＧｓキャンペーンで「消費」という集中的に掘り下げて取材できるテーマに出会えたことは幸運だった。

先ごろ自動車メーカー大手のトヨタが、プリウスは月４万６１００円、高級車レクサスは月18万円の料金を払えば、車を買わなくても乗り続けられるサービスを始めると発表した。私の周囲では、月額400円で、専門誌や女性誌など1500冊以上がスマホやタブレット端末で読み放題のサービスを利用し始めた人もいる。音楽ではすでに、月々の料金を支払えば、聴き放題のネット配信サービスで幅広いアーチストの楽曲を楽しむ形が定着している。「サブスクリプション（定額課金）」と言われる消費の新しいかたちだ。

本書で仲村記者も利用していると書いていたが、洋服やブランドバッグといったアパレル、レストランや喫茶店などの食品の分野でも、この定額制サービスは広がり始めている。いまや商品を買って「所有する」のでなく、「利用する」時代に移りつつあるのかもしれない。

こうした定額制が普及すれば、多くの人たちの間でもののシェアが進むだろう。そうしたものが定額制サービスで一定期間使われた後に中古市場へ売りに出されれば、廃棄も減るかもしれない。３Ｄプリンターの技術が進んで広く普及すれば、個々の消費者のニーズに合うものをカスタマイズすることが今よりずっと容易になるかもしれない。そうすればメーカーは、様々なバリエーションの商品を大量生産して大衆に提供するという従来のビジネスから、脱却することを余儀なくされるようになるだろう。こうした将来像を見すえ、ものをめぐる価値観も世界で大きく動き出していると思う。

私たちがこうした本で「いまの大量廃棄、大量消費を考え直そう。生産のあり方を変えよう」と呼びかけるまでもなく、技術の革新的な進歩によって、消費のあり方はいま目まぐるしく変化しているのかもしれない。

ただ、そんな時代になっても、目の前の一つ一つのものと向き合って関係性を築いていくことの大切さは、たぶん変わらないだろうと思うのだ。3Dプリンターで作られた靴であっても、近くの農園で有機栽培された野菜であっても、誰かがなんらかの資源を使って作り、それを消費する私たちがいるのは同じだからだ。

ここで最後に考えたいのは、「消費者」という日本語についてだ。

2016年から約1年間、私は消費者庁という国の役所の取材を担当した。

消費者庁は、食品表示の産地偽装問題や湯沸かし器などの商品事故を受けて、「消費者の権利の尊重」をうたって2001年に設置された。根拠法の消費者庁設置法はその役割を、「消費者が安心して安全で豊かな消費生活を営むことができる社会の実現に向けて、消費者の利益の擁護及び増進、商品及び役務の消費者による自主的かつ合理的な選択の確保並びに消費生活に密接に関連する物資の品質に関する表示に関する事務を行うこと」と明記している。庁内の組織には、消費者制度課、消費者安全課、消費者政策課があり……。ここが担っている役割は社会に必要だということに異論はない。しかし、担当していた当時は、行政文書も報道発表文も「消費者」だらけで、げんなりした思い出がある。いま振り返って思うのは、たぶん、その言葉の意味に原因があったのではないかということだ。

辞書で「消費」という意味を調べると、「欲望を満たすために、財貨、サービスを費やす行為」「物、時間、エネルギー、資源などを使ってなくすこと」などとある。「生産の反意語」とも書かれていた。これではまるで、何でも食べ尽くしてしまい、何も生み出さない怪獣のようなイメージだ。

「消費」という言葉は、明治時代に西周《にしあまね》が西洋の言葉から作り出した和製漢語だと言われる。いま日本人には「私たちは消費者です」という意識がその言葉とともにすっかり定着していると思うが、それが時に、同じような服を何着も買っては1シーズンで捨て、バイキングで料理を皿いっぱいに取っては食べ残してしまうような浪費をしても、「まあいいか、そういうもんだよね」と私たちに思わせてきたような気がしてならない——というのは考え過ぎだろうか。

しかし、人は食べ物を毎日食べるからこそ、旬を大切にする和食やワイン、屋台飯のような豊かな食文化が育まれ、誰もが衣服や装身具をまとうから、自己表現するファッションという文化が生みだされた。「消費」が生産を変える糸口にもなり得ることは前述したとおりで、こうした意味では、消費は十分クリエイティブになる力を持っている。消費という行動が作り手への意識を自然に伴うものとなり、「消費者」という言葉の意味が捉え直される日が来ることを願う。

取材のきっかけであるSDGsを私たちに教えてくださった国谷裕子さん、記事に目を留めてこの本を作ることを提案してくださった光文社新書の樋口健副編集長、ともに取材し、なるほどというアドバイスをくれた映像記者の小玉重隆さんと金川雄策さん（現ヤフー）をはじめとするSDGsチームの皆さん、取材・執筆ができるよう助けてくれた家族、そしてここまで読んでくださった読者の皆さんに心からお礼を申し上げたいと思います。

私たちの子どもたちが大人になった時に、地球と社会がもっといい場所へ変わっていることを祈りつつ。

２０１９年３月11日、東京にて

解　説——ＳＤＧｓが目指す未来に大量廃棄社会は存在しえない

国谷裕子（元ＮＨＫ「クローズアップ現代」キャスター）

『大量廃棄社会』を読みだして価格破壊という言葉が真っ先に浮かんだ。担当していた「クローズアップ現代」で初めて価格破壊という言葉を使ったのは１９９４年だったと思う。確かゴルフボールが一個１００円という値段に驚き、それまでの物の値段はいったいなんだったのかと視聴者に問いかけたことが記憶に残っている。バブル崩壊後のリストラ、急速な円高で失われた競争力、生き残りをかけた製造拠点の海外移転。雇用不安と賃金が下落していく中で、良いものが激安で手に入れられることは消費者に歓迎され、安い商品を求める動きは加速した。

こうして始まった価格破壊がこの四半世紀余りの間にアパレル産業にもたらした歪みの現

場がこの本で丁寧に描かれている。信じられないことだが「捨てることになってもたくさん作ったほうが儲かる」ようになり、供給される服の4枚に1枚が誰も一度も袖を通すことなく捨てられようになった。また低価格の服の生産現場は低賃金で働く女性の過酷な労働に支えられているのだ。

破壊されたのは物の値段だけではなかった。青くさい表現になるが企業だけでなく、こうしたビジネスのあり方を積極的に受け入れるように社会の倫理規範も変わってしまったのだ。本来許容されてはいけない量の廃棄を前提とした大量生産、大量消費のビジネスモデル。資源の無駄や廃棄する過程でかかる地球環境への負荷は極めて大きい。ＳＤＧｓ（持続可能な開発目標）が国連で２０１５年に採択されて以降、企業の果たすべき社会的責任がますます厳しく問われるようになったが、この本に描かれる現状はＳＤＧｓが目指す方向がまだまだ共有されていないことを浮き彫りにしている。これからのビジネスの進め方や消費者の行動は環境にも社会にも経済にも悪影響を及ぼさないことが求められる。とりわけ企業は原料、素材や部品などの調達先や製造を委託している現場などサプライチェーンの実態を把握して人権や環境、ガバナンスにおいてＳＤＧｓに反していないかを常にチェックすることが不可欠になる。

そもそも様々な生産や消費がいまだに大量廃棄を前提として行われていることが問題なのだが、そうしたなか、どこまで廃棄される量を減らそうとする努力が行われているのだろうか。

去年秋に出されたＩＰＣＣ（気候変動に関する政府間パネル）の１・５℃特別報告書には専門家が当初予想していたよりも地球の気温の上昇が高く、その影響が激しいことが書かれている。産業革命以前に比べてすでに気温は１℃以上上昇している。温暖化を１・５℃に抑えるためには脱炭素を加速させ２０３０年までに２０１０年比でマイナス45パーセント、２０５０年までに二酸化炭素の排出を実質ゼロにしなくてはならないと報告書は警告している。

二酸化炭素の排出削減を急がなくてはならないのだが、この本を読み進むうちに、例えばリサイクルしやすい繊維を使用するどころかむしろリサイクルしにくい化学繊維が増え、それらの繊維がプラスチックなどとともに裁断、圧縮され燃料として燃やされているということを知り驚かされた。大量廃棄社会の変革へ向けて重要なのは、第一義的にリデュース（削減）を目指すことであり、リサイクル、リユースは必ずしも大量廃棄の解消につながらない実態も伝わってくる。このことは、いま大きな課題となっているプラスチック問題にも通ずるのではないだろうか。

豊かさと思い込んでいる社会の裏で払っている代償について様々な角度からこの本は問いかけてくる。アパレル産業と同じくコンビニでも大量廃棄が予想できても有り余る食品の発注が行われているし、24時間開いているコンビニはとても便利だが、そのサービスを可能にするために犠牲になっている人もいるのではないかと投げかける。モノが溢れ、簡単に何でも入手できるようになった現代、変化のスピードが速く、効率化、グローバル化の中で生産現場が遠くなり、労働環境だけでなく作り手である人も見えにくくなっている。働く人がいつしか当たり前のように調整可能なコストの一つと捉えられるようになった社会となり、人を見つめる眼差しが希薄になってきたのだ。

ＳＤＧｓは２０３０年に実現したい社会を描いた言わば希望の目標であり、目指したい社会から逆算して今何をすべきかを考え行動をうながす新しいモノサシだ。この新しいモノサシで社会を見つめてみると、これまで合理的で当たり前と思われてきたものが、実際には環境や社会に害を与え、けっして持続可能ではないことを知ることができる。ただＳＤＧｓの大きな課題は、総論に賛成できても一人一人にとっては自分ごとになかなかならないことだ。

ＳＤＧｓを理解し自分ごととして捉える人をどのように増やしていけるのか正直難しい。２０１６年からＳＤＧｓの取材や啓発活動に関わってきた私にとっても、常に頭を悩ませていることだ。著者の一人、藤田さつき記者も、ＳＤＧｓ企画の取材を始めるにあたって、「『遠い世界』の『正しい話』を書いても、『押しつけがましい』と敬遠されたりスルーされたりしないだろうか」と不安を抱いていたと率直に記す。そのことを乗り越えようと、この本は、消費者が普段、身に着けたり、食べている物が、どのように誰によって作られているのか、廃棄されているかに迫り、その向こうに広がる遠い世界を、身近に感じてもらおうとしている。この本は、その試みに成功していると私には思える。ＳＤＧｓの目標12「持続可能な生産消費形態を確保する」の３番目のターゲット「２０３０年までに小売・消費における世界全体の一人当たりの食料廃棄を半減させる」や、５番目の「２０３０年までに廃棄物の発生防止、削減、再生利用及び再利用により、廃棄物の発生を大幅に削減する」といった目標も、この本に描かれる多くの具体的な事実によって、身近な自分ごととして見えてくるのではないだろうか。生産から消費、そして廃棄まで、その実態を具体的に伝えることで果たすメディアの役割が大きいことを改めて感じる。

本の冒頭で「個々の人が感じている問題を全体で共有し、解決に向けた道筋を探ることが必要」で、「表に見えづらい物も丁寧に掘り下げ」る努力が必要だと仲村和代記者は書いている。現場を歩き丁寧に見聞きしたことを伝え、問われるべき課題を見つけていくという地道なプロセスからは、自分のお金をどのように使い、何を買うべきか立ち止まって考えるきっかけを読み手に届けたいとの二人の思いが伝わってくる。そして大量廃棄からの脱却を目指して様々な活動や新ビジネスを立ち上げる人々の取材リポートからは、静かに、しかし大きな転換期が訪れようとしている気配が感じられ、勇気づけられる。

しかし問題はスピードだ。一例をあげれば、温暖化の進行をくいとめられなければ気候変動の影響を受ける人々が住むところを追われ、生活が立ち行かなくなり、格差の広がりと共に世界全体が不安定化すると懸念されている。対策を先送りすれば事態はより厳しくなるばかりだ。17の目標の達成によってＳＤＧｓが目指す未来に大量廃棄社会は存在しえない。「どの分野の問題も『消費』という扉を通せば、私たちは誰でもその解決へ向けた後押しができる」。取材から導き出された著者の結論を一人でも多くの人々が共有し行動につなげてほしいと願う。

仲村和代（なかむらかずよ）

朝日新聞 社会部記者。一九七九年、広島市生まれ。二〇〇二年、朝日新聞社入社。二〇一〇年から東京社会部。著書に『ルポ　コールセンター』、共著に『孤族の国』（ともに朝日新聞出版）がある。

藤田さつき（ふじたさつき）

朝日新聞 オピニオン編集部記者。一九七六年、東京都生まれ。二〇〇〇年、朝日新聞社入社。イベント部門を経て記者に。取材班の出版物に『平成家族』（朝日新聞出版）など。

大量《たいりょう》廃《はい》棄《き》社会《しゃかい》　アパレルとコンビニの不都合《ふつごう》な真実《しんじつ》

2019年4月30日初版1刷発行

著　者 ── 仲村和代　藤田さつき
発行者 ── 田邉浩司
装　幀 ── アラン・チャン
印刷所 ── 堀内印刷
製本所 ── ナショナル製本
発行所 ── 株式会社 光文社
東京都文京区音羽1-16-6（〒112-8011）
https://www.kobunsha.com/
電　話 ── 編集部03（5395）8289　書籍販売部03（5395）8116
業務部03（5395）8125
メール ── sinsyo@kobunsha.com

 ISBN 978-4-334-04405-3

998
大量廃棄社会
アパレルとコンビニの不都合な真実
仲村和代
藤田さつき
たくさん作って、無駄に捨てられる年間10億着の新品の服や、大量の恵方巻き。「無駄」の裏には必ず「無理」が潜んでいる。その実情と解決策を徹底レポートする。**解説・国谷裕子氏**
978-4-334-04405-3

999
12階から飛び降りて一度死んだ私が伝えたいこと
モカ　高野真吾
自殺から生還した経営者、漫画家、元男性のトランスジェンダーであるモカが、壮絶な半生の後に至った「貢献」の境地とは。取材を続ける記者が伝える。本人の描き下ろし漫画も掲載。
978-4-334-04406-0

1000
「%」が分からない大学生
日本の数学教育の致命的欠陥
芳沢光雄
いま、「比と割合の問題」を間違える大学生が目に見えて増えている。この問題の本質とは何か。現在の数学教育に危機感を抱いてきた著者が、これからの時代に必要な「学び」を問う。
978-4-334-04407-7

1001
1964東京五輪ユニフォームの謎
消された歴史と太陽の赤
安城寿子
気鋭の服飾史家が、豊富な史料と取材に基づき、闇に葬り去られようとした赤いブレザー誕生の歴史を発掘。また、なぜ歴史は消されかけたのか、詳細に分析する。
978-4-334-04408-4

1002
辛口評論家、星野リゾートに泊まってみた
瀧澤信秋
年間250泊するホテル評論家が、「星のや」「界」「リゾナーレ」22施設を徹底取材。熱狂的ファンを持つ星野リゾートの強さの秘密に迫る。星野佳路代表の2万字インタビューも収録。
978-4-334-04409-1